初級　冷凍受験テキスト

公益社団法人　日本冷凍空調学会

「初級冷凍受験テキスト」の発刊にあたって

　㈳日本冷凍協会では，創立以来60余年もの長い間，冷凍技術及びその保安に関する技術教育を重要な事業の一つとして一貫して取り上げ，必要な教科書の作成及び講習等に積年の努力を重ねてきました．

　もとより，技術教育用の教科書は教育目的及びその水準に見合う成果を期待できるものであるとともに，常に新しい時代の技術を反映したものでなければなりません．

　今回上梓した「初級冷凍受験テキスト」は，これから新たに冷凍関係の各種検定受験を試みようとする人々を直接対象として，上記の趣旨に沿う十分な内容をできるだけハンディな形にして利用者に提供するとともに，冷凍に関する知識を効果的，実践的に整理するための自習書としても役立つように努め，長年月を費やして仕上げられたものです．

　冷凍技術のような応用技術の紹介に際して，ともすると不本意に陥りやすい記述内容の濃淡差や脱落重複を避けるため，多数の執筆者に参画を願い，かつ集積原稿について多数の専門家により討論と推敲を繰り返し，利用者の資格試験への備えが堅固なものとなるように努めました．

　さらに本書では，読者の理解を深めるために本文中にも例題を適宜配置して解答を示すとともに，巻末には各章ごとに，最近までに出題された各種資格検定試験問題を解答を付けて厳選掲載してあります．読者はこれらの問題を自ら考えることによって理解力を高めて頂きたい．本書は，冷凍について全くの初歩の方にも十分お役に立つように作られていますが，多少とも実務経験のある方々や他の入門書等で初歩的な勉強をされた方々の実力向上には，一層の効果を期待できるものと信じます．

　冷凍技術の幅広い普及のために，本書が向学の方々に喜ばれ，お役に立つことを念願して止みません．

　平成3年4月30日

冷凍受験テキスト編集委員会委員長

㈳日本冷凍協会常務理事　樋口　金次郎

第8次改訂にあたって

　今回の改訂では，最近の新冷媒の開発・実用化を始めとする冷凍・空調関連技術の進展を本書に反映させ，さらなる内容の充実を図るべく，初級テキスト改訂委員会を設けて全面的に内容を見直した．その際，できるだけ最新の技術的データを採り入れるよう努めた．主な改訂点は以下の通りである．

- 　第2章では，「乾き飽和蒸気」を「飽和蒸気」に統一した．「理論断熱圧縮」の定義を明確にした．
- 　第3章では，「表3.1圧縮機の分類」を最新のデータをもとに見直した．また，「シリンダ容積」を「ピストン行程容積」とした．
- 　第4章では，冷媒およびブラインに関する技術を体系的に学べるように，各節および各項の内容を見直し，章の構成を変更した．また，最新の冷媒動向を反映し，低GWP冷媒に関する説明を加えた．さらに，主な冷媒の理論冷凍サイクル特性を表にまとめて示した．なお，第4章に関連する巻末の付表（飽和表）および付図（$p-h$ 線図）を見直し，低GWP冷媒の飽和表および $p-h$ 線図を掲載した．
- 　第5章では，「表5.1熱伝導率」にR134aの値をフルオロカーボン冷媒の例として加えた．
- 　第6章では，「表6.1凝縮器の形式，種類と主な用途」を最新なものに修正した．また，水冷・空冷凝縮器の構造が理解しやすいように図面等を追加した．
- 　第7章では，「表7.1」において，蒸発器の種類を，構造，冷媒の蒸発形態，付属機器および主な用途などによって分類し直し，理解しやすいように表を修正した．また，蒸発器の構造，熱通過率等の技術データに関する図を最新のものに修正した．
- 　第9章では，感温筒を用いる温度自動膨張弁の作動原理についての記述を

見直し，理解しやすいように修正した．また，「9.1.2 電子膨張弁」および「9.6.4 圧力センサ」の項目を新たに設けて，制御技術に関する記述を充実させた．

- 第 10 章では，冷媒用止め弁の構造を理解しやすいように図面の追加，差し替えを行った．
- 第 11 章では，「11.3.2 設計圧力」において，冷媒の種類を「冷凍保安規則関係例示基準表 19.1 に記載のある冷媒」と「記載のない冷媒」に分け，それぞれの場合について，設計圧力の求め方を記述し，両者間の求め方の差異を明確にした．
- 第 12 章では，「12.1」の前半の記述を「第 12 章」の前書きとし，文章の構成に変更を加えた．さらに，「12.1」中の「安全装置」に本文中の図面番号を付記した．また，「表 12.1」中の「関係団体による冷媒定数の標準値」について，中間温度に関する注釈を表下部に付記した．さらに，「12.6」に液封しやすい液配管箇所を追記した．
- 第 13 章では，「13.1.2」中の「基礎にかかる荷重」に，振動などの動的荷重も含むことを追記した．また，荷重が平均的なものと誤解されないようどの「部分でも」という記述を付け加えた．さらに，「13.5.2 冷媒の充填」において，冷媒ボンベを「サイフォン管付き」と「サイフォン管なし」に分け，それぞれの充填方法を記述した．
- 第 14 章では，装置内の不凝縮ガスの処置や冷媒の追加充填方法をフロン排出抑制法に基づき，見直した．

そのほか，テキスト全般にわたって，表現，用語の統一をはかり，本文の記述を簡潔かつ，明確にして，より読みやすく，理解しやすいように工夫した．さらに，読者の利便性を図るため，巻末の索引項目についても見直し，追記するなどした．

令和元年 11 月 3 日

初級テキスト改訂委員会委員長　五島正雄

量記号及び単位一覧表

記　　号	量	SI	従来単位（参考）
A	伝熱面積	m^2	m^2
C	安全弁の口径を求める際の定数	—	—
C	法定冷凍能力を求める際の定数	—	—
$(COP)_H$	実際のヒートポンプ装置の成績係数	—	—
$(COP)_R$	実際の冷凍装置の成績係数	—	—
$(COP)_{th·H}$	理論ヒートポンプサイクルの成績係数	—	—
$(COP)_{th·R}$	理論冷凍サイクルの成績係数	—	—
c	比熱	$kJ/(kg·K)$	$kcal/(kg·℃)$
D	気筒径	m	m
D_i	圧力容器の内径	mm	mm
d	安全弁の口径	mm	mm
f	汚れ係数	$m^2·K/kW$	$m^2·h·℃/kcal$
h	比エンタルピー	kJ/kg	$kcal/kg$
K	熱通過率	$kW/(m^2·K)$	$kcal/(m^2·h·℃)$
L	ピストン行程，圧力容器の長さ	m	m
ℓ	長さ	mm	mm
m	質量	kg	（重量：kg）
m	有効内外伝熱面積比	—	—
n	毎分の圧縮機回転数，圧縮機回転速度	rpm，min^{-1}	rpm
N	気筒数	—	—
P	圧縮機駆動の軸動力	kW	kW
P_c	圧縮機の圧縮動力	kW	kW
P_m	圧縮機の機械的損失動力	kW	kW
P_{th}	圧縮機の理論断熱圧縮動力	kW	kW
p	圧力	MPa	kgf/cm^2
p	絶対圧力	MPa，$MPa\ abs$	$kgf/cm^2\ abs$
p	ゲージ圧力	MPa，$MPa\ g$	$kgf/cm^2\ G$
p_o	蒸発圧力	MPa	kgf/cm^2
p_k	凝縮圧力	MPa	kgf/cm^2
Q	熱量	kJ，$kW·s$	$kcal$，$kW·h$
q_{mw}	冷却水量	L/s	ℓ/min
q_{mr}	冷媒循環量	kg/s	kg/h
q_{vr}	圧縮機の吸込み蒸気量	m^3/s	m^3/h
Rt	法定冷凍能力	（冷凍トン）	（冷凍トン）
	（日本）冷凍トン	$1\ Rt$ $=13\ 900kJ/h$	$1\ Rt$ $=3\ 320kcal/h$

量記号及び単位一覧表（続き）

記号	量	SI	従来単位（参考）
s	比エントロピー	kJ/(kg·K)	kcal/(kg·K)
T	絶対温度	K（ケルビン）	$T = t + 273.15$
t	温度，環境温度	℃	℃
t	温度差	K	℃
t	圧力容器の最小板厚	mm	mm
t_0	蒸発温度	℃	℃
t_k	凝縮温度	℃	℃
t_{w1}	冷却水入口温度	℃	℃
t_{w2}	冷却水出口温度	℃	℃
$USRt$	アメリカ冷凍トン	1 USRt = 12 661 kJ/h	1 USRt = 3 024 kcal/h
u	水速	m/s	m/s
u	前面風速	m/s	m/s
V	ピストン押しのけ量	m³/s	m³/h
v	比体積	m³/kg	m³/kg
W_r	冷凍効果	kJ/kg	kcal/kg
x	乾き度	－	－
α	圧力容器の腐れしろ	mm	mm
α	熱伝達率	kW/(m²·K)	kcal/(m²·h·℃)
α_r	冷媒側熱伝達率	kW/(m²·K)	kcal/(m²·h·℃)
α_w	水側熱伝達率	kW/(m²·K)	kcal/(m²·h·℃)
η	溶接継手の効率	－	－
η_c	断熱効率	－	－
η_m	機械効率	－	－
η_{tad}	全断熱効率（＝断熱効率×機械効率）	－	－
η_v	体積効率	－	－
λ	熱伝導率	kW/(m·K)	kcal/(m·h·℃)
Φ	伝熱量，交換熱量	kJ/s，kW	kcal/h，kW
Φ_o	冷凍能力，冷却能力	kJ/s，kW	kcal/h，kW
Φ_k	凝縮負荷，凝縮器放熱量	kJ/s，kW	kcal/h，kW
Δt	温度差	K	℃
Δt_{lm}	対数平均温度差	K	℃
Δt_m	算術平均温度差	K	℃
δ	物体壁の厚さ	m	m
σ	応力	N/mm²	kgf/mm²
σ_a	材料の許容引張応力	N/mm²	kgf/mm²

主な単位の換算表　（　）または [　]：SI,　{　}：従来単位

量	換　算　値
圧力	$1(MPa) = 1\,000(kPa) = 10.197\,2\{kgf/cm^2\}$ $1\{kgf/cm^2\} = 0.098\,066\,5(MPa)$ $1\{atm\} = 760\{mmHg\} = 0.101\,325(MPa) = 1.033\,227\{kgf/cm^2\}$
応力	$1(N/mm^2) = 1(MPa) = 0.101\,972\{kgf/mm^2\}$ $1\{kgf/mm^2\} = 9.806\,65(MPa)$
仕事	$1(J) = 1(W \cdot s),\ \ 1(W \cdot h) = 3.6(kJ)$ $1\{kgf \cdot m\} = 9.806\,65(J)$
動力	$1(W) = 1(J/s),\ \ 1(kW) = 1\,000(W) = 1(kJ/s)$ $1\{kcal/h\} = 1.163(W) = 4.186\,8(kJ/h)$ $1(kW) = 859.845\{kcal/h\} \fallingdotseq 860\{kcal/h\}$
熱量	$1(J) = 1(W \cdot s),\ \ 1(W \cdot h) = 3\,600(W \cdot s) = 3.6(kW \cdot s)$ $1\{kcal\} = 4.186\,8(kJ)$
熱流量	$1\{kcal/h\} = 4.186\,8(kJ/h) = 1.163(J/s) = 1.163(W)$
冷凍能力	$1(kW) = 1(kJ/s) = 3\,600(kJ/h)$ $1\{冷凍トン\} = 1\{Rt\} = 3\,320\{kcal/h\} = 3.861\,16(kJ/s)$ $\qquad = 3.861\,16(kW) = 13\,900.176(kJ/h) \fallingdotseq 13\,900(kJ/h)$
冷凍効果 比エンタルピー	$1\{kcal/kg\} = 4.184(kJ/kg)$
熱伝導率	$1\{kcal/(m \cdot h \cdot ℃)\} = 1.163[W/(m \cdot K)]$ $\qquad\qquad\qquad = 0.001\,163[kW/(m \cdot K)]$
熱通過率 熱伝達率	$1\{kcal/(m^2 \cdot h \cdot ℃)\} = 1.163[W/(m^2 \cdot K)]$ $\qquad\qquad\qquad = 0.001\,163[kW/(m^2 \cdot K)]$
汚れ係数	$1\{m^2 \cdot K/kW\} = 0.001\,163\{m^2 \cdot h \cdot ℃/kcal\}$ $0.000\,1\{m^2 \cdot h \cdot ℃/kcal\} = 0.085\,984\,5(m^2 \cdot K/kW)$
比熱	$1\{kcal/(kg \cdot ℃)\} = 4.186\,8[kJ/(kg \cdot K)]$
比エントロピー	$1\{kcal/(kg \cdot K)\} = 4.184[kJ/(kg \cdot K)]$

ギリシャ文字の読み方

α	アルファ	$\Phi,\ \phi$	ファイ
σ	シグマ	η	イータ
λ	ラムダ	π	パイ
$\Delta,\ \delta$	デルタ	ρ	ロー

冷媒の比エンタルピー値と比エントロピー値の換算

冷媒における熱量の単位は，これまで熱化学カロリーの定義を用いていたので，

$$1\{kcal\} = 4.184\ (kJ)$$

とおいて換算する．

⑴　冷媒の比エンタルピー値の換算

h_K：従来単位での冷媒の比エンタルピー $\{kcal/kg\}$

h_{SI}：SI での冷媒の比エンタルピー (kJ/kg)

とおき，単位の換算に際しては，0℃の飽和液の比エンタルピー値は

従来単位では　$h_K{}' = 100.00\ \{kcal/kg\}$

SI では　　　$h_{SI}{}' = 200.00\ (kJ/kg)$

を基準としていることを考慮して，

⒜　従来単位から SI への換算の場合

$$h_{SI} = (h_K - 100.00) \times 4.184 + 200.00\ (kJ/kg)$$

⒝　SI から従来単位への換算の場合

$$h_K = (h_{SI} - 200.00) \div 4.184 + 100.00\ \{kcal/kg\}$$

によって換算する．

⑵　冷媒の比エントロピー値の換算

s_K：従来単位での冷媒の比エントロピー $\{kcal/(kg \cdot K)\}$

s_{SI}：SI での冷媒の比エントロピー $[(kJ/(kg \cdot K)]$

とおき，単位の換算に際しては，0℃の飽和液の比エントロピー値は

従来単位では　$s_K{}' = 1.000\ 0\ \{kcal/(kg \cdot K)\}$

SI では　　　$s_{SI}{}' = 1.000\ 0\ [kJ/(kg \cdot K)]$

を基準としていることを考慮して

⒜　従来単位から SI への換算の場合

$$s_{SI} = (s_K - 1.000\ 0) \times 4.184 + 1.000\ 0\ [kJ/(kg \cdot K)]$$

(b) SI から従来単位への換算の場合

$$s_K = (s_{SI} - 1.000\ 0) \div 4.184 + 1.000\ 0 \ \{kcal/(kg \cdot K)\}$$

によって換算する.

このように，冷媒の熱量に関しては，熱化学カロリーの定義により

$$1 \ \{kcal\} = 4.184 \ (kJ)$$

とおいて，$p-h$ 線図と飽和状態における熱物性値表を作成していた.

なお，冷媒以外では，冷凍も含めて，熱工学では国際カロリーの定義

$$1 \ \{kcal\} = 4.1868 \ (kJ)$$

を用いているので，熱量の換算では注意を要する.

目　　　次

第1章　冷凍装置の作用
　1.1　どのようにして低温を得るか……………………………………………… 1
　　1.1.1　物質から熱を除去するには ………………………………………… 1
　　1.1.2　冷凍の原理 ……………………………………………………………… 2
　　1.1.3　冷媒の状態と p, v, T ……………………………………………… 4
　　1.1.4　冷凍能力 ………………………………………………………………… 6
　　1.1.5　動力 ……………………………………………………………………… 6
　1.2　冷凍装置で重要な技術 ……………………………………………………… 7
　　1.2.1　最小の動力で最大の冷凍能力 ……………………………………… 7
　　1.2.2　小さい温度差で良好な伝熱 ………………………………………… 7
　　1.2.3　冷媒の性質に見合った冷凍装置 …………………………………… 8
　　1.2.4　完全な保安の確保 …………………………………………………… 8
　1.3　吸収冷凍機 …………………………………………………………………… 9

第2章　冷媒の状態変化と p-h 線図
　2.1　冷媒の状態と p-h 線図………………………………………………… 11
　2.2　冷凍サイクルと p-h 線図……………………………………………… 15
　　2.2.1　p-h 線図上の冷凍サイクルの計算 ……………………………… 15
　　2.2.2　冷凍効果と冷凍装置の冷凍能力 …………………………………… 17
　　2.2.3　理論断熱圧縮動力 …………………………………………………… 18
　　2.2.4　理論冷凍サイクルの成績係数 ……………………………………… 18
　　2.2.5　冷凍サイクルの運転条件と成績係数 ……………………………… 19
　　2.2.6　理論ヒートポンプサイクルの熱出力と成績係数 ………………… 20
　2.3　二段圧縮冷凍装置 ………………………………………………………… 23

第3章　圧縮機の構造，性能と装置の実際の成績係数

3.1　圧縮機の種類 ………………………………………………………… 25

3.2　圧縮機の性能 ………………………………………………………… 28

  3.2.1　ピストン押しのけ量 ……………………………………………… 28

  3.2.2　体積効率と冷媒循環量 …………………………………………… 29

  3.2.3　圧縮機の冷凍能力 ………………………………………………… 30

3.3　圧縮機の効率と軸動力 ……………………………………………… 31

  3.3.1　断熱効率と機械効率 ……………………………………………… 31

  3.3.2　圧縮機の駆動軸動力 ……………………………………………… 32

3.4　装置の実際の成績係数 ……………………………………………… 33

  3.4.1　冷凍装置の実際の成績係数 ……………………………………… 33

  3.4.2　ヒートポンプ装置の実際の成績係数 …………………………… 34

  3.4.3　成績係数と運転条件との関係 …………………………………… 36

3.5　圧縮機の容量制御 …………………………………………………… 37

  3.5.1　往復圧縮機の容量制御装置 ……………………………………… 37

  3.5.2　スクリュー圧縮機の容量制御装置 ……………………………… 38

  3.5.3　圧縮機の回転速度と容量 ………………………………………… 38

3.6　圧縮機の保守 ………………………………………………………… 39

  3.6.1　頻繁な始動，停止 ………………………………………………… 39

  3.6.2　吸込み弁と吐出し弁の漏れの影響 ……………………………… 39

  3.6.3　ピストンリングからの漏れの影響 ……………………………… 39

  3.6.4　給油圧力と油量 …………………………………………………… 40

  3.6.5　オイルフォーミング ……………………………………………… 41

第4章　冷媒およびブライン

4.1　冷媒の種類 …………………………………………………………… 42

4.2　冷媒と地球環境 ……………………………………………………… 44

4.3　冷媒の熱力学性質とサイクル特性 ………………………………… 45

  4.3.1　飽和表，$p-h$ 線図 ……………………………………………… 45

4.3.2 飽和圧力，沸点，臨界温度 ……………………………………… 45

4.3.3 サイクル特性 ……………………………………………………… 47

4.4 冷媒の一般的性質 …………………………………………………… 50

4.4.1 毒性および燃焼性 ………………………………………………… 50

4.4.2 化学的安定性 ……………………………………………………… 51

4.4.3 電気的性質 ………………………………………………………… 51

4.4.4 フルオロカーボン冷媒の特徴 …………………………………… 52

4.4.5 アンモニア冷媒の特徴 …………………………………………… 53

4.5 ブライン ……………………………………………………………… 54

第5章 熱の移動

5.1 熱の移動 ……………………………………………………………… 57

5.1.1 熱伝導による熱の移動 …………………………………………… 57

5.1.2 対流熱伝達による熱移動 ………………………………………… 58

5.2 固体壁を隔てた2流体間の熱交換 ………………………………… 60

5.2.1 熱通過率 …………………………………………………………… 60

5.2.2 平均温度差 ………………………………………………………… 61

第6章 凝縮器

6.1 凝縮器の種類と凝縮負荷 …………………………………………… 65

6.1.1 凝縮器の種類 ……………………………………………………… 65

6.1.2 冷凍装置の凝縮負荷 ……………………………………………… 65

6.2 水冷凝縮器 …………………………………………………………… 66

6.2.1 水冷凝縮器の構造 ………………………………………………… 66

6.2.2 水冷凝縮器の熱計算 ……………………………………………… 68

6.2.3 ローフィンチューブの利用 ……………………………………… 69

6.2.4 冷却水の適正な水速 ……………………………………………… 70

6.2.5 水あかの影響 ……………………………………………………… 70

6.2.6 不凝縮ガスの滞留とその影響 …………………………………… 72

6.2.7 冷媒過充填の影響 …………………………………………… 72

6.2.8 冷却塔とその伝熱 …………………………………………… 73

6.2.9 冷却塔の冷却水補給と水質管理 ………………………… 73

6.3 空冷凝縮器 ……………………………………………………………… 74

6.3.1 空冷凝縮器の構造 ………………………………………… 74

6.3.2 空冷凝縮器の伝熱 ………………………………………… 74

6.4 蒸発式凝縮器 …………………………………………………………… 76

6.4.1 蒸発式凝縮器の構造 ……………………………………… 76

6.4.2 蒸発式凝縮器の伝熱 ……………………………………… 77

第7章 蒸発器

7.1 蒸発器の種類と冷媒の蒸発形態および主な用途 ………………… 78

7.2 乾式蒸発器 ……………………………………………………………… 79

7.2.1 空気冷却用蒸発器 ………………………………………… 79

7.2.2 液体冷却用蒸発器 ………………………………………… 83

7.2.3 乾式蒸発器の伝熱 ………………………………………… 84

7.3 満液式蒸発器 …………………………………………………………… 86

7.3.1 冷却管外蒸発器 …………………………………………… 86

7.3.2 冷却管内蒸発器 …………………………………………… 88

7.4 着霜，除霜および凍結防止 ………………………………………… 89

7.4.1 着霜とその影響 …………………………………………… 89

7.4.2 除霜方法 …………………………………………………… 90

7.4.3 水冷却器，ブライン冷却器の凍結防止 ……………… 91

第8章 附属機器

8.1 受液器（レシーバ） ………………………………………………… 93

8.1.1 高圧受液器 ………………………………………………… 93

8.1.2 低圧受液器 ………………………………………………… 94

8.2 油分離器（オイルセパレータ） …………………………………… 94

8.3　液分離器 ……………………………………………………………………… 96

8.4　液ガス熱交換器 ……………………………………………………………… 96

8.5　フィルタドライヤ（ろ過乾燥器）…………………………………………… 97

8.6　リキッドフィルタ，サクションストレーナ ……………………………… 98

8.7　サイトグラス …………………………………………………………………… 99

第9章　自動制御機器

9.1　自動膨張弁 …………………………………………………………………… 100

　9.1.1　温度自動膨張弁 ……………………………………………………… 100

　9.1.2　電子膨張弁 …………………………………………………………… 109

　9.1.3　定圧自動膨張弁 ……………………………………………………… 111

9.2　キャピラリチューブ ………………………………………………………… 112

9.3　フロート弁 …………………………………………………………………… 112

9.4　フロートスイッチ …………………………………………………………… 113

9.5　圧力調整弁 …………………………………………………………………… 113

　9.5.1　蒸発圧力調整弁 ……………………………………………………… 113

　9.5.2　吸入圧力調整弁 ……………………………………………………… 114

　9.5.3　凝縮圧力調整弁 ……………………………………………………… 114

　9.5.4　容量調整弁 …………………………………………………………… 115

9.6　圧力スイッチ ………………………………………………………………… 116

　9.6.1　高圧圧力スイッチおよび低圧圧力スイッチ ……………………… 116

　9.6.2　高低圧圧力スイッチ ………………………………………………… 117

　9.6.3　油圧保護圧力スイッチ ……………………………………………… 117

　9.6.4　圧力センサ …………………………………………………………… 118

9.7　電磁弁 ………………………………………………………………………… 118

9.8　冷却水調整弁 ………………………………………………………………… 119

9.9　断水リレー …………………………………………………………………… 121

9.10　四方切換弁 …………………………………………………………………… 121

第10章　冷媒配管

10.1　冷媒配管の基本‥‥‥‥‥‥‥‥‥‥‥‥‥‥‥‥‥‥‥‥‥‥‥‥‥‥　123

10.2　配管材料‥‥‥‥‥‥‥‥‥‥‥‥‥‥‥‥‥‥‥‥‥‥‥‥‥‥‥‥‥‥　125

10.3　止め弁および管継手‥‥‥‥‥‥‥‥‥‥‥‥‥‥‥‥‥‥‥‥‥‥‥　126

10.4　吐出しガス配管‥‥‥‥‥‥‥‥‥‥‥‥‥‥‥‥‥‥‥‥‥‥‥‥‥　128

　10.4.1　吐出しガス配管のサイズ‥‥‥‥‥‥‥‥‥‥‥‥‥‥‥‥‥　128

　10.4.2　圧縮機への冷媒液と冷凍機油の逆流防止‥‥‥‥‥‥‥‥　129

10.5　高圧側配管‥‥‥‥‥‥‥‥‥‥‥‥‥‥‥‥‥‥‥‥‥‥‥‥‥‥‥　130

　10.5.1　液配管サイズ‥‥‥‥‥‥‥‥‥‥‥‥‥‥‥‥‥‥‥‥‥‥‥　130

　10.5.2　フラッシュガス発生の原因とその防止対策‥‥‥‥‥‥‥　130

　10.5.3　凝縮器からの冷媒液流下管と均圧管‥‥‥‥‥‥‥‥‥‥　131

10.6　低圧側配管‥‥‥‥‥‥‥‥‥‥‥‥‥‥‥‥‥‥‥‥‥‥‥‥‥‥‥　132

　10.6.1　吸込み蒸気配管サイズ‥‥‥‥‥‥‥‥‥‥‥‥‥‥‥‥‥　132

　10.6.2　吸込み蒸気配管の防熱‥‥‥‥‥‥‥‥‥‥‥‥‥‥‥‥‥　132

　10.6.3　油戻しのための配管‥‥‥‥‥‥‥‥‥‥‥‥‥‥‥‥‥‥‥　132

第11章　材料の強さと圧力容器

11.1　材料力学の基礎‥‥‥‥‥‥‥‥‥‥‥‥‥‥‥‥‥‥‥‥‥‥‥‥‥　135

　11.1.1　応力‥‥‥‥‥‥‥‥‥‥‥‥‥‥‥‥‥‥‥‥‥‥‥‥‥‥‥‥　135

　11.1.2　ひずみ‥‥‥‥‥‥‥‥‥‥‥‥‥‥‥‥‥‥‥‥‥‥‥‥‥‥　135

　11.1.3　応力とひずみの関係‥‥‥‥‥‥‥‥‥‥‥‥‥‥‥‥‥‥‥　136

　11.1.4　許容引張応力‥‥‥‥‥‥‥‥‥‥‥‥‥‥‥‥‥‥‥‥‥‥　136

11.2　冷凍装置用材料‥‥‥‥‥‥‥‥‥‥‥‥‥‥‥‥‥‥‥‥‥‥‥‥‥　137

　11.2.1　材料一般‥‥‥‥‥‥‥‥‥‥‥‥‥‥‥‥‥‥‥‥‥‥‥‥‥　137

　11.2.2　材料記号‥‥‥‥‥‥‥‥‥‥‥‥‥‥‥‥‥‥‥‥‥‥‥‥‥　138

　11.2.3　低温で使用する材料‥‥‥‥‥‥‥‥‥‥‥‥‥‥‥‥‥‥‥　138

11.3　冷凍装置の設計圧力と許容圧力‥‥‥‥‥‥‥‥‥‥‥‥‥‥‥‥　139

　11.3.1　高圧部と低圧部の区分‥‥‥‥‥‥‥‥‥‥‥‥‥‥‥‥‥　139

　11.3.2　設計圧力‥‥‥‥‥‥‥‥‥‥‥‥‥‥‥‥‥‥‥‥‥‥‥‥‥　140

	11.3.3	許容圧力 …………………………………………	143
11.4	圧力容器の強さ ………………………………………		143
	11.4.1	薄肉円筒胴圧力容器に発生する応力 …………………	143
	11.4.2	接線方向に発生する応力 …………………………	144
	11.4.3	長手方向に発生する応力 …………………………	144
	11.4.4	必要な板厚 ……………………………………	145
11.5	鏡板 ………………………………………………		148

第12章　保安

12.1	許容圧力以下に戻す安全装置 ………………………………		150
12.2	安全弁 ………………………………………………		150
	12.2.1	安全弁の口径 …………………………………	150
	12.2.2	吹始め圧力，吹出し圧力 …………………………	152
	12.2.3	保安上の措置 …………………………………	153
12.3	溶栓 …………………………………………………		154
12.4	破裂板 ………………………………………………		155
12.5	高圧遮断装置 …………………………………………		156
12.6	液封防止のための安全装置 …………………………………		156
12.7	ガス漏えい検知警報設備 ………………………………………		157

第13章　据付けおよび試験

13.1	据付け ………………………………………………		159
	13.1.1	機器の据付けと注意事項 …………………………	159
	13.1.2	コンクリート基礎（築造基礎） …………………	160
	13.1.3	防振支持 ……………………………………	160
13.2	耐圧試験 ……………………………………………		161
13.3	気密試験 ……………………………………………		162
13.4	真空試験（真空放置試験） ……………………………		163
13.5	試運転 ………………………………………………		164

13.5.1 冷凍機油の充填……………………………………………… 164

13.5.2 冷媒の充填……………………………………………………… 165

13.5.3 試運転………………………………………………………… 165

第14章 冷凍装置の運転

14.1 冷凍装置の運転……………………………………………… 167

14.1.1 運転準備……………………………………………………… 167

14.1.2 運転開始……………………………………………………… 168

14.1.3 運転の停止…………………………………………………… 169

14.1.4 運転の休止…………………………………………………… 170

14.2 冷凍装置の運転状態の変化……………………………… 170

14.2.1 冷蔵庫の負荷が増加したとき…………………………… 171

14.2.2 冷蔵庫の負荷が減少したとき…………………………… 171

14.2.3 冷蔵庫の蒸発器に着霜したとき………………………… 171

14.3 冷凍装置の運転時の点検………………………………… 172

14.3.1 圧縮機吐出しガスの圧力と温度………………………… 172

14.3.2 圧縮機の吸込み蒸気の圧力……………………………… 173

14.3.3 運転時の凝縮温度と蒸発温度の目安…………………… 173

14.3.4 正常な運転状態と点検箇所……………………………… 174

14.3.5 運転上重要な不具合現象………………………………… 174

14.4 装置内の水分………………………………………………… 174

14.5 装置内の異物………………………………………………… 180

14.6 装置内の不凝縮ガス……………………………………… 181

14.7 圧縮機の潤滑と装置内の冷凍機油の処置…………… 181

14.7.1 圧縮機の潤滑と装置内の冷凍機油……………………… 181

14.7.2 装置内の冷凍機油の処理方法…………………………… 181

14.8 冷凍装置の冷媒充填量…………………………………… 183

14.8.1 冷媒充填量の不足………………………………………… 183

14.8.2 冷媒の過充填……………………………………………… 183

14.8.3　冷媒の充填・回収作業 ……………………………………… 183

14.9　液戻りと液圧縮 …………………………………………………… 184

14.10　液封 ……………………………………………………………… 185

付表 1　R 22 の飽和表 ………………………………………………… 186

付表 2　R 32 の飽和表 ………………………………………………… 188

付表 3　R 134 a の飽和表 ……………………………………………… 190

付表 4　R 410 A の飽和表 ……………………………………………… 192

付表 5　R 1234yf の飽和表 …………………………………………… 193

付表 6　R 1234ze の飽和表 …………………………………………… 195

付表 7　R 290（プロパン）の飽和表 ………………………………… 197

付表 8　R 717（アンモニア）の飽和表 ……………………………… 199

付表 9　R 744（二酸化炭素）の飽和表 ……………………………… 201

索引 ………………………………………………………………………… 203

付図 1　R 22 の p-h 線図 ……………………………………………… 巻尾

付図 2　R 32 の p-h 線図 ……………………………………………… 巻尾

付図 3　R 134 a の p-h 線図 ………………………………………… 巻尾

付図 4　R 410 A の p-h 線図 ………………………………………… 巻尾

付図 5　R 1234yf の p-h 線図 ……………………………………… 巻尾

付図 6　R 1234ze の p-h 線図 ……………………………………… 巻尾

付図 7　R 290（プロパン）の p-h 線図 …………………………… 巻尾

付図 8　R 717（アンモニア）の p-h 線図 ………………………… 巻尾

付図 9　R 744（二酸化炭素）の p-h 線図 ………………………… 巻尾

第1章　冷凍装置の作用

1.1　どのようにして低温を得るか

1.1.1　物質から熱を除去するには

水が高い所から低い所へ流れるように，熱も温度の高い所から低い所へ移動する．したがって，**ある物質を冷やすには，それよりも低い温度の物質があればよい**．

いま，**質量** m(kg)，温度 t_1(℃) の物質が熱を吸収して温度 t_2(℃) になったとすれば，**物質が吸収した熱量** Q(kJ) は，その**物質の比熱**が c[kJ/(kg·K)] のとき，

$$Q = mc(t_2 - t_1) \quad \text{(kJ)} \quad \cdots\cdots\cdots\cdots\cdots\cdots\cdots\cdots\cdots\cdots\cdots\cdots\cdots (1.1)$$

である．

このように，Q は温度計で測った物質の温度変化から知ることのできる熱量で，このような熱量を**顕熱**と呼んでいる．

一般に，物質が液体から蒸気に，あるいは蒸気から液体に状態変化する場合に物質に出入りする熱量を**潜熱**と呼んでいる．液体 1 kg を等温（等圧）のもとで蒸発させるのに必要な熱量を**蒸発潜熱**という．

例えば，水の比熱 c_w は 1 kg の水の温度を 1 K 上げるのに必要な熱量で，ほぼ 4.18 kJ/(kg·K) であり，多くの物質の比熱の値はそれよりも小さい．また，10℃（飽和圧力 1.2282 kPa）における水の蒸発潜熱は 2477.21 kJ/kg である．

水は，蒸発しつづけている間，その温度は上昇しないので，冷却媒体として大変都合がよい．ただし，低い温度で水を沸騰，蒸発させて周囲から熱を奪うためには，高度の真空にしなければならない．また，水を媒体として，氷点以下の温度を得ようとしても，水は氷になって蒸発しなくなってしまう．

そこで，希望の温度が低いとき，例えば冷蔵庫などでも，あまり低くない圧

2

力で沸騰，蒸発し，かつ蒸発潜熱がなるべく大きい液体を**熱媒体**として選び，その蒸発潜熱で周囲から熱を取り去るようにすれば，周囲の物質を低い温度にすることができる．このような熱媒体を**冷媒**と呼び，熱を運ぶ入れ物に相当するものである．

1.1.2　冷凍の原理
　周囲の物質を冷却するには，冷媒液が蒸発するときの潜熱として，周囲の物質から熱を取り入れればよいのであるが，熱を吸収して蒸気となった冷媒を大気中に放出してしまうのでは，不経済であり，環境負荷の増大となる．

　一方，冷媒蒸気を加圧すると高温になるが，それを冷却すれば，冷媒は凝縮・液化する性質がある．そこで，あまり高くない圧力まで冷媒蒸気を圧縮し，常温の水や空気で冷却したとき凝縮・液化するものを冷媒に選べばよいことになる．

　すなわち，冷媒は，適当な低圧と希望の低温度で周囲から熱を奪って蒸発し，あまり高くない圧力で常温の水や空気で冷却すれば，容易に液化できることが必要である．

　圧縮機で圧縮された冷媒ガスを冷却して**液化させる装置が凝縮器**である．液化した冷媒液を**受液器**に溜め，それから送り出した高圧の液を**膨張弁**の狭い通路を通して，**絞り膨張（2.2.1参照）**によって圧力を下げて**蒸発器**に送り，**蒸発させて周囲の物質を冷却**する．そして，圧縮機に蒸発した蒸気を吸い込ませて圧縮するようにすれば，蒸発器内は低い圧力に保たれるとともに，**連続して冷却作用が行われる**ことになる．

　このような機器を配管でつないだ装置が，**蒸気圧縮冷凍装置**である．**図1.1**に，その配管系統の略図を示した．

　電気冷蔵庫も蒸気圧縮冷凍装置であり，膨張弁の代わりに**毛細管（キャピラリチューブ）**を使用し，受液器なしで凝縮器の出口に液を溜め込むようにし，装置を簡略化している．

　熱はそれ自体で，低温部から高温部に移動することはできない．そこで，冷

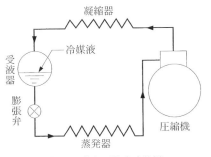
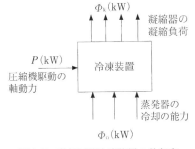

図 1.1　蒸気圧縮冷凍装置　　　　図 1.2　蒸気圧縮冷凍装置の熱収支

凍装置内では冷媒によって次のように低温部より高温部へ熱が輸送される．先ず，**圧縮機で蒸気に動力を加えて圧縮**すると，これによって冷媒は圧縮仕事（エネルギー）を受け入れて，圧力と温度の高いガスになる．この冷媒が受け入れた単位時間あたりのエネルギーは $P(\mathrm{kW})$ と表わすことができる．ここに，$1\,\mathrm{kW}=1\,\mathrm{kJ/s}$ である．

また，**蒸発器では，冷媒が周囲から熱エネルギーを受け入れて蒸発**する．この熱流量を $\Phi_\mathrm{o}(\mathrm{kW})$ とする．一方，**凝縮器では，冷媒は熱エネルギーを冷却水や外気に放出して凝縮・液化**する．この熱流量を $\Phi_\mathrm{k}(\mathrm{kW})$ とする．

これらの冷凍装置における熱の出入りの状態は，**図 1.2** に示した．**蒸発温度**や**凝縮温度**が一定の運転状態では，

$$\Phi_\mathrm{k}=\Phi_\mathrm{o}+P \quad (\mathrm{kW}) \cdots\cdots\cdots\cdots\cdots\cdots\cdots\cdots\cdots\cdots (1.2)$$

となる．ここで，$\Phi_\mathrm{o}(\mathrm{kW})$ は蒸発器の冷却の能力で，これを**冷凍装置の冷凍能力**といい，$\Phi_\mathrm{k}(\mathrm{kW})$ は**凝縮器の凝縮負荷**，また $P\,(\mathrm{kW})$ は**圧縮機の駆動軸動力**である．

水冷凝縮器を用いた場合を考えると，冷却水の入口温度を $t_\mathrm{w1}(℃)$，出口温度を $t_\mathrm{w2}(℃)$，冷却水量を $q_\mathrm{mw}(\mathrm{kg/s})$，水の比熱を $c_\mathrm{w}[\mathrm{kJ/(kg \cdot K)}]$ とすれば，凝縮負荷 Φ_k は，

$$\Phi_\mathrm{k}=c_\mathrm{w}q_\mathrm{mw}(t_\mathrm{w2}-t_\mathrm{w1}) \quad (\mathrm{kW}) \cdots\cdots\cdots\cdots\cdots\cdots\cdots\cdots\cdots (1.3)$$

となる．冷却水の出入口温度差 $(t_\mathrm{w2}-t_\mathrm{w1})$ の値は，通常 $4\sim6\,\mathrm{K}$ 程度である．

これから，冷凍装置の凝縮負荷がわかれば，必要な冷却水量が求まり，ある

いは冷却水量と出入口の冷却水温度がわかれば，凝縮負荷を求められる．また，冷凍能力 Φ_o と圧縮機の駆動軸動力 P の計算方法は，**3.3節**で説明する．

水冷凝縮器で冷媒から**凝縮熱**を取り入れた冷却水は，ビルの屋上などでよく見かける冷却塔で熱を大気中に放出する．また，空冷凝縮器では，直接外気に放熱してしまうが，この凝縮熱を暖房やその他の目的の**加熱**に使用する装置を，**ヒートポンプ装置**と呼ぶ．

ヒートポンプ装置は，冷暖房兼用のヒートポンプエアコンディショナなどで一般に広く使用されている．これは，ボイラのような高温を得ることはむずかしいが，エネルギーを有効に利用でき，電気加熱に比べて効率のよい暖房や加熱ができるためである．

1.1.3 冷媒の状態と p, v, T

上述のように，**冷媒は冷凍装置内を循環**しながら，周囲から熱エネルギーを吸収して蒸気になったり，外部に放出して液になったり，また，圧力が上がったり下がったりして，絶えず**状態変化を繰り返している**．

したがって，冷凍装置内の各部での冷媒の状態変化と出入り熱量との関係を定量的に知ることができれば，装置の冷凍能力や圧縮機の所要軸動力，凝縮器の必要冷却水量などの計算に都合がよい．

冷媒蒸気は，その**圧力** p, **比体積** v, **温度** T のうち二つがわかれば，残りの一つは定まる．冷媒蒸気は，p, v, T のうち，計測しやすい p と T を測定し，冷媒の **p-h 線図や熱力学性質表**から v の値が求められる（**2 章参照**）．

(a) **圧力 p**(MPa)

冷凍装置内の冷媒の圧力は，一般に図 1.3 の構造の**ブルドン管圧力計**で計測する．これは，断面がだ円形のブルドン管と呼ばれる管の内部に圧力が加わると，管が図の矢印の向

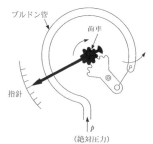

図 1.3 ブルドン管圧力計の構造

きに変形し，レバーと大歯車を介して小歯車と指針が矢印の向きに回り，圧力を指示する構造である．

　重要なことは，圧力計のブルドン管は，管内圧力と管外大気圧との差圧によって変形するので，指示される圧力は測定しようとする冷媒圧力と大気圧との差圧で，この指示圧力を**ゲージ圧力**と呼ぶ．ゲージ圧力の単位は（MPa g）と書き，ブルドン管内圧力［これは絶対圧力であって（MPa abs）と書く］と区別している．

　ゲージ圧力から絶対圧力を求めるには，

　　　　　絶対圧力（MPa abs）

　　　　　　　　＝ ゲージ圧力（MPa g）＋大気圧（MPa abs）……（1.4）

としなければならない．**大気圧**は場所，天候，時間によって多少変わるが，ほぼ 0.101 MPa abs である．なお，**ブルドン管真空計**，あるいは圧力計と真空計とが一緒になっている**連成計**では，**絶対真空を－0.1 MPa** として目盛ってあり，大気圧よりも 0.1 MPa の圧力だけ低いことを意味している．

　⒝　**比体積 v（m³/kg）**

　冷凍装置を運転している現場で冷媒の比体積の値を測定することは困難で，前述のように冷媒蒸気の圧力と温度とを測って，それらの値から冷媒の $p-h$ 線図や熱力学性質表から比体積を求める．比体積の単位は（m³/kg）であり，比体積が大きくなるとガスは薄く（ガスの密度（kg/m³）は小さく）なる．

　⒞　**温度 T（K）**

　冷媒の熱物性値として，温度には**絶対温度** T（K，ケルビンという）が使用されるが，実用上，**摂氏温度** t（℃）がよく使われ，$p-h$ 線図や熱物性値表も t（℃）を用いたものが多い．ここで，両者の温度の関係は

　　　　　絶対温度 T（K）＝t（℃）＋273.15（K）…………………………（1.5）

になっている．

　冷媒の温度は，棒状ガラス製の温度計や電子式の温度計などによって測定する．

6

(d) 比エンタルピー *h*(kJ/kg)

比エンタルピーは，流動する冷媒1kgの中に含まれるエネルギーであって，(kJ/kg)の単位で表す．

冷媒は，冷凍装置内で熱が出入りして状態変化をする．しかし，冷凍装置における各種の**熱計算**では，各機器における**熱の出入り前後の冷媒の比エンタルピー差と流量**がわかっていればよい．

冷媒は，0℃の飽和液（2.1項参照）の比エンタルピーの値を200 kJ/kgとし，これを基準として，任意の温度・圧力における値が定められている．

1.1.4 冷凍能力

冷凍装置によって冷却できる能力が冷凍能力 Φ_o であり，kWの単位で表す．

なお，0℃の水1トン（1 000 kg）を1日（24時間）で0℃の氷にするために除去しなければならない熱量のことを，**1日本冷凍トン**(JRT, JRt)と呼び，これを冷凍能力の単位として用いることもある．0℃の**水の凝固熱（氷の融解熱）**は333.6 kJ/kgであり，これから

$$1 \text{ JRt} = \frac{333.6 \times 1\,000}{24} = 13\,900 \text{ kJ/h}$$

$$= \frac{13\,900}{3\,600} \text{ kJ/s} \fallingdotseq 3.861 \text{ kW} \cdots\cdots\cdots\cdots\cdots\cdots (1.6)$$

となる．

1.1.5 動力

冷凍装置によって冷凍能力を得るためには，絶えず圧縮機で外部から圧縮仕事のエネルギーを冷媒に加える必要がある．**単位時間に供給される仕事のエネルギーを動力**と呼び，kWの単位で表す．

（例題1.1） 冷凍能力 Φ_o が2 JRt，圧縮機の駆動軸動力 P が2.5 kWの冷凍装置がある．この冷凍装置の水冷凝縮器での凝縮負荷 Φ_k (kW)はいくらか．

また冷却水量 q_{mw} が 0.5 kg/s，凝縮器の冷却水の入口水温 t_{w1} が 32 ℃ のとき，出口水温 t_{w2} は何 ℃ と予想されるか．

　（解）　式 （1.6）から 1 JRt＝13 900 kJ/h，また，1 kW＝1 kJ/s＝3 600 kJ/h であるので，式 （1.2）から凝縮負荷 Φ_k は

$$\Phi_k=\Phi_o+P=\frac{2\times13\ 900}{3\ 600}+2.5=10.2\ \text{kW}$$

したがって，水の比熱 c_w を 4.18 kJ/(kg·K) として，出口水温 t_{w2} は式 （1.3）によって，

$$t_{w2}=t_{w1}+\frac{\Phi_k}{c_w q_{mw}}=32+\frac{10.2}{4.18\times0.5}=36.9\ ℃$$

となる．

1.2　冷凍装置で重要な技術

1.2.1　最小の動力で最大の冷凍能力

　低温部から常温の所に熱を移動させるための冷凍装置では，圧縮機駆動のエネルギーが必要であり，**少ないエネルギーで大きな冷凍能力を出せる冷凍装置が最も望ましい**ことは言うまでもない．

　冷凍装置の**圧縮機の駆動軸動力**を小さくするためには，蒸発温度を必要以上に低くし過ぎないこと，凝縮温度を必要以上に高くし過ぎないこと，また，配管を細くして管内での冷媒の流れの抵抗を大きくし過ぎないことなどが必要である．**圧縮機の効率**は，これらの運転上の注意によって向上する（**3.3 節参照**）．

1.2.2　小さい温度差で良好な伝熱

　冷凍装置は，熱の入れ物である冷媒に，低温の蒸発器で周囲から熱を取り込み，これを圧縮機を用いて運びだし，冷媒の熱を常温で凝縮器から外部に放出させている．

　したがって，冷媒に対して，**熱が出入りしやすいような熱交換器を用いる**こと，すなわち，小さい温度差でも容易に熱が出入りできるようにすることが必

8

要である.

このようにすれば，蒸発温度を必要以上に低くしなくても，凝縮温度を必要以上に高くしなくても，小さい消費動力で必要な冷凍能力が得られることになる．さらに，蒸発器や凝縮器が小形になり，装置が小さくなって都合がよい．

この目的のために，熱交換器の伝熱作用を向上させるよう種々の工夫がなされている（**5～7章参照**）.

1.2.3　冷媒の性質に見合った冷凍装置

冷凍装置は，その冷却温度や目的，冷却対象などに応じて，種々の冷媒が使い分けられており，それぞれの**冷媒の性質に見合った，機器の選定と配管上の工夫**が必要である．

とくに，アンモニア冷媒とフルオロカーボン冷媒とでは，後述の各章のように基本的な性質が異なり，機器や材料の選定，配管方式などが異なってくる．また，同じフルオロカーボン冷媒の装置でも，フルオロカーボン冷媒の種類によって差異がある．

いずれの場合も，冷凍の原理には変わりはないが，使用する冷媒に見合った装置にするための配慮が必要である．

1.2.4　完全な保安の確保

冷凍装置は，日常生活あるいはそれに近い所で使われるが，蒸気圧縮式冷凍装置では，冷媒の凝縮圧力は通常 1.2～3.7 MPa 程度で装置内圧力がかなり高い．このために，**冷媒の漏れを完全に防止し**，かつ，装置を構成する機器は**十分な強度**をもたせることが必要である．

アンモニア冷媒が漏れると**ガス中毒や燃焼の危険**があり，**フルオロカーボン冷媒**は人体に対してほとんど無害とはいえ，漏えい時には酸素欠乏（酸欠）による事故（**酸欠事故**）の恐れがある．

機器の耐圧強度不足の場合はもちろんのこと，十分な強度があっても操作ミスによって**異常高圧になって，装置が破壊**することもある．このような事故時

には，装置内の圧力が高いだけに，人身事故をも招きかねないので，**保安の確保**には十分な注意が必要である．

1.3 吸収冷凍機

吸収冷凍機は，圧縮機の代わりに吸収器・発生器・溶液ポンプ等を用いて冷媒を循環させ，冷媒に温度差を発生させて冷熱を得る冷凍機である．吸収冷凍機には，冷媒としてアンモニア，吸収剤として水を，また，冷媒として水，吸収剤として臭化リチウムを用いる冷凍機などがある．

冷媒をアンモニア，吸収剤を水としたアンモニア吸収冷凍機の例を**図1.4**に示す．

（**冷媒の流れ**）　凝縮器で凝縮した高圧のアンモニア液は膨張弁を通って減圧され，蒸発器で熱を奪って蒸発する．そのアンモニア液の一部はリフラックスポンプ（還流式）により精留器に送られる．蒸発した低圧のアンモニア蒸気は

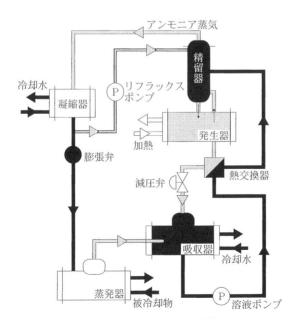

図1.4　アンモニア吸収冷凍機

10

吸収器で水（吸収剤）に吸収されアンモニア水となり，溶液ポンプで高圧側の精留器・発生器へ送られる．発生器で加熱されアンモニア水から分離された高圧のアンモニア蒸気は，精留器で高純度になるように精製され，凝縮器で再び凝縮する．

　（吸収剤の流れ）　水は，蒸発器で蒸発したアンモニア蒸気を吸収器で吸収し，比較的濃度の高いアンモニア水となる．このアンモニア水を溶液ポンプで高圧側の精留器・発生器に送り，発生器を加熱することによってアンモニア蒸気を追い出し，低濃度のアンモニア水となって減圧弁を通って低圧になり，低圧側の吸収器へ送られる．吸収器で再び蒸発器からのアンモニア蒸気を吸収する．

　このように，吸収冷凍機は可動部がポンプのみで，機械的な面での保守は容易であり，また，加熱源として工場排熱など未利用の熱エネルギーを用いて冷熱を得ることができるが，多くの圧力容器で構成されているため，この圧力容器の保守管理には十分配慮する必要がある．

第2章　冷媒の状態変化と p-h 線図

p-h 線図（圧力-比エンタルピー線図）上に表わした**冷凍サイクル**を見れば，冷凍装置内を流れる**冷媒の様子**や状態がわかる．さらに，p-h 線図は，冷凍装置における熱の出入りを定量的に示してくれる．

2.1 冷媒の状態と p-h 線図

1.1.3項で述べたように，冷凍装置内の各部の**冷媒の圧力 p と温度 t を測定**すれば，特別な場合を除き，比体積 v や比エンタルピー h などの**熱力学性質を知る**ことができるように作られた線図が，p-h **線図**である．

冷媒の p-h 線図は実用上の便利さから，**縦軸に絶対圧力 p を対数目盛で，横軸に比エンタルピー h を等間隔目盛りで**，目盛ってある．

図2.1は，単成分の冷媒の p-h 線図の主な構成を示す．このテキストの最後に，一般に使われている冷媒の p-h 線図と熱力学性質表（飽和表）が示してある．

図の**イーイ**曲線は，**飽和液の圧力と温度および比エンタルピーの関係**を示したもので，**飽和液線**と呼ばれている．この線上の液の状態は**飽和液**で，線上に目盛られている温度は**飽和温度**を示し，それぞれの飽和温度に対応した**飽和圧力**（絶対圧力）は，温度目盛りを通る水平な等圧線と縦軸との交点から読み取

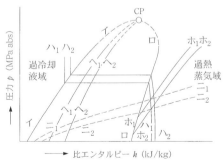

イーイ：飽和液線　　　ホーホ：等比エントロピー線
ローロ：飽和蒸気線　　ヘーヘ：等乾き度線
ハーハ：等　温　線　　CP：臨　界　点
ニーニ：等比体積線

図2.1 p-h 線図の構成

12

れる.

右側の**ロ―ロ曲線**は，**飽和蒸気線（乾き飽和蒸気線）**と呼ばれ，**飽和圧力と飽和温度および比エンタルピーとの関係**を示し，飽和液線と同様に目盛られている.

飽和液線と飽和蒸気線の両曲線の交点 CP は，**臨界点**と呼ばれる．この臨界点の温度を**臨界温度**といい，これよりも高い温度では，冷媒は凝縮液化しない.（**4.1.1項参照**）

飽和液線の左側の領域は過冷却液の状態で，飽和温度よりもさらに低い温度の液で，この状態の液を**過冷却液**という．ある圧力のもとにある液の飽和温度とその圧力の過冷却液の温度との間の温度差を，過冷却液の**過冷却度**という.

飽和蒸気線の右側の領域は，飽和温度よりも高い温度の**過熱蒸気**の状態を示し，ある圧力のもとにある過熱蒸気温度と飽和温度との間の温度差を，過熱蒸気の**過熱度**という.

飽和液線と飽和蒸気線との間の領域では，冷媒の状態は**湿り蒸気**であり，ここでは飽和液と飽和蒸気とが共存している.

冷媒の蒸発あるいは凝縮の過程である湿り蒸気の領域では，圧力一定の**等圧線**と温度一定の**等温線**は，比エンタルピーの値を目盛った横軸と平行な水平線になっている.

過冷却液の状態の領域では，等温線は横軸に対してほとんど垂直になっており，過冷却液，湿り蒸気および過熱蒸気の各領域の等温線は，図中の**ハ―ハ**の折れ線で示されている（**図2.1**中の2本の等温線 $ハ_1$, $ハ_2$ を示す）.

ニ―ニの折れ線は，**等比体積線**であり，その比体積の値は，それらの線の近傍に記されている．**低圧になると**，冷媒が薄く（密度が小さく）なるので**比体積の値が大きくなる**（**図2.1**中の2本の等比体積線 $ニ_1$, $ニ_2$ を示す）.

ホ―ホの曲線は**等比エントロピー線**であり，飽和蒸気あるいは過熱蒸気状態の冷媒が可逆的に**断熱圧縮**されたときの状態変化がたどる線である．圧縮機での圧縮の過程で，蒸気とシリンダ壁などとの間で熱の出入りが全くないなどと仮定した**可逆的な断熱圧縮**を，**理論断熱圧縮**ともいう.

圧縮機の圧縮の動作では，理論断熱圧縮の前後の間の冷媒の比エンタルピー差から，冷媒1 kg当たりの**理論上の圧縮仕事量**あるいは**圧縮動力**を求めることができる（**2.2.3項参照**）．

ヘーヘの曲線は，**等乾き度線**と呼ばれる．湿り蒸気1 kgのうち，x (kg)が飽和蒸気（乾き飽和蒸気）で，残りの$(1-x)$ (kg)が飽和液であれば，この湿り蒸気の**乾き度**はxである．乾き度xの等しい点を連ねた曲線を等乾き度線という．**飽和液線上では乾き度が0**である．また，**飽和蒸気線上では乾き度が1**である．この乾き度xの値は，後に述べる式（2.2）によって計算することもできる．

以上に述べた，飽和液線上と飽和蒸気線上はもちろんのこと，過冷却液，湿り蒸気および過熱蒸気の各領域における冷媒の状態点を定めると，その点から真っ直ぐ下に延ばした線と横軸との交点から，その状態点の比エンタルピーの値が読み取れる．

（**例題2.1**）　圧力$p=1.22$ MPa g（ゲージ圧力），過冷却度10 KのR 134aの過冷却液の比エンタルピーh_3の値はいくらか．

（**解**）　過冷却液の絶対圧力が式（1.4）から1.32 MPa absであり，R 134aのp–h線図から飽和温度が50 ℃になることがわかる．

過冷却度が10 Kであるから，この過冷却液の温度は40 ℃となる．

p–h線図において過冷却域では等温線がほぼ垂直になることより，**図2.2**のように，過冷却液の領域の40 ℃の等温線と圧力1.32 MPa absの等圧線との交点の3が求めたい過冷却液の状態点とすることができる．この点3からh

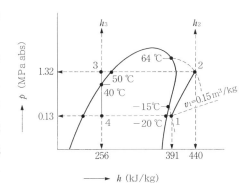

図2.2　p–h線図上での冷媒状態点の決定

14

軸に垂線を降ろし，h軸との交点の比エンタルピーの値を読み取れば，

$$h_3 = 256 \text{ kJ/kg}$$

が求まる．

（**例題 2.2**）　圧力 $p = 0.03$ MPa g，過熱度 5 K の R 134a の過熱蒸気の比エンタルピー h_1 と比体積 v_1 の値を求めよ．

（**解**）　過熱蒸気の絶対圧力は $p = 0.13$ MPa abs であり，この圧力における飽和温度は -20 ℃である．したがって，この圧力で過熱度 5 K の蒸気の温度は $(-20+5) = -15$ ℃である．

そこで，乾き飽和蒸気線上の -15 ℃（そのときの飽和圧力 $p = 0.16$ MPa abs）の点を通る -15 ℃の等温線と $p = 0.13$ MPa abs の等圧線との交点 1（**図 2.2 参照**）が，求める過熱蒸気の状態点である．

点 1 から h 軸に垂線を降ろし，h 軸との交点の比エンタルピーの値を読み取れば，

$$h_1 = 391 \text{ kJ/kg}$$

が求まる．

この点 1 を通る等比体積線が $v = 0.15$ m³/kg の線であるので，

$$v_1 = 0.15 \text{ m}^3\text{/kg}$$

となる．

（**例題 2.3**）　前の**例題 2.2** の R 134a の点 1 の過熱蒸気を $p = 1.32$ MPa abs まで理論（可逆）断熱圧縮したとき，圧縮機の吐出しガスの比エンタルピー h_2 と温度 t_2 はいくらになるか．

（**解**）　R 134a の p–h 線図から，前の**例題 2.2** の点 1 を通る等比エントロピー線，（$s =$ 一定の線（理論断熱圧縮線））と $p = 1.32$ MPa abs の等圧線との交点 2（**図 2.2 参照**）が求める状態点で，点 2 から h 軸に垂線を降ろし，h 軸との交点の比エンタルピーの値を読み取れば，

$$h_2 = 440 \text{ kJ/kg}$$

が求まる.また,点2を通る等温線と等圧線との交点から,
$$t_2 = 64℃$$
が求まる.

2.2 冷凍サイクルと p-h 線図

2.2.1 p-h 線図上の冷凍サイクルの計算

図2.3に示したような冷凍装置についてサイクル計算を行ってみる.図中の冷凍装置の略図に示したように,圧縮機の吸込み側に圧力計と温度計を取り付け,点1の冷媒蒸気の状態を測定し,前節の例題の要領で,図2.4のようにp-h線図上に点1の状態点を決める.圧縮機がある程度過熱された状態の冷媒を吸い込む通常の運転では,このようにして点1の状態点が決められる.

いま,**圧縮機が何の損失もない理想的な動作をするとして,理論的な断熱圧縮**を考える.点1の過熱蒸気を等比エントロピー線(理論断熱圧縮線)に沿って,吐出し圧力p_2まで変化させた点2の状態が,圧縮機における理論断熱圧縮後の吐出しガスの冷媒の状態である.この点2の冷媒の比エンタルピーの値はh_2となり,また点2を通る等温線から吐出しガスの温度はt_2となり,圧縮後の過熱蒸気の温度が高くなる.

ただし,点2の圧縮機吐出しガス温度を実測すると,ここに述べたt_2の温度とは違う値の温度が測定される.これは,**圧縮機に**

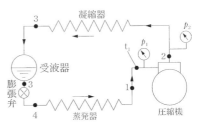

図2.3 蒸気圧縮式冷凍装置

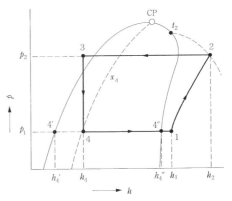

図2.4 図2.3の理論冷凍サイクル

種々の損失があるためで，その詳細については，**第3章**で説明する．

点2の吐出し冷媒ガスは**凝縮器**に流れ込み，冷却されて，まず飽和蒸気（乾き飽和蒸気），ついで湿り蒸気，飽和液，さらに過冷却液（点3の状態）になる．

その後，過冷却液は**受液器**を経て蒸発圧力まで減圧する**膨張弁**に流れるが，その流れの過程で圧力降下や配管での外側との熱の出入りがなければ，液は膨張弁の直前でも点3の状態のままである．

この過冷却液が，膨張弁を通過するときは，弁の絞りの抵抗により圧力は下がるが，冷媒は周囲との間で熱と仕事の授受がないので，その保有するエネルギーに変化がなく，比エンタルピー h が一定で状態変化（圧力と温度が低下）する．

そこで，点3から比エンタルピーが一定で h 軸に向かって垂線を降ろし，それと蒸発圧力 p_1 の等圧線との交点4が，**蒸発器入口の冷媒の状態**となり，

$$h_3 = h_4 \quad\text{...} \quad (2.1)$$

である．このような冷媒の膨張を，**絞り膨張**と呼んでいる．

図2.4からも分かるように，点4の蒸発器入口は湿り蒸気の状態であり，点3から点4へ**冷媒液が圧力降下**するとき，液の一部が自己**蒸発する際の潜熱**により冷媒自身の温度が下がる．

図2.4で圧力 p_1 の飽和液を点4′，また，同じ圧力の飽和蒸気を点4″とすると，点4′の飽和液1kgを完全に飽和蒸気（4″）に蒸発させるためには，同じ圧力 p_1 のもとで $(h_4'' - h_4')$ （kJ/kg）の熱を加えなければならない．

この熱量を，圧力 p_1 での**冷媒の蒸発潜熱**といい，飽和圧力によりその値は異なる．

点4では，湿り蒸気のうち $(h_4 - h_4')/(h_4'' - h_4')$ に相当する割合だけ，飽和蒸気になっていることを示しており，点4での湿り蒸気の乾き度 x_4 は，

$$x_4 = \frac{h_4 - h_4'}{h_4'' - h_4'} \quad\text{...} \quad (2.2)$$

で求められる．この値は，$p\text{-}h$ 線図上で点4を通る等乾き度線からも求められる．また，

$$1-x_4 = \frac{h_4'' - h_4}{h_4'' - h_4'} \cdots\cdots\cdots\cdots\cdots\cdots\cdots\cdots\cdots\cdots\cdots\cdots \text{(2.3)}$$

の割合に相当する液は，蒸発器内で外部から熱を取り込むことによって蒸発する．さらに，蒸発器を流れる冷媒は点 4″ で全部飽和蒸気となり，さらに，外部から熱が入ることにより点 1 の過熱蒸気となって，蒸発器を出て圧縮機に吸い込まれる．

　温度自動膨張弁を用いると，**冷凍負荷の増減**に応じて，自動的に**冷媒流量**を調節し，蒸発器出口の冷媒を 3～8 K 程度の過熱度になるよう制御する．

　圧縮機，凝縮器，膨張弁および蒸発器が配管によって接続されている冷凍装置内では，冷媒はこのような**状態変化**を繰り返しながら**循環**している．この**1-2-3-4-1 の変化を理論冷凍サイクル**と呼ぶ．装置を循環する冷媒流量を**冷媒循環量**といい，1 秒間当たりの質量流量 q_{mr}(kg/s) で表す．

　実際の冷凍サイクルでは，理論上の圧縮動力以上の圧縮動力が必要であり，各機器や配管での圧力降下，周囲との間の熱の出入りなどがあるため，冷媒の状態変化の様子が理論冷凍サイクルとは多少異なる．この場合の冷凍サイクルのことを**冷凍装置の実際の冷凍サイクル**と呼んで，理論冷凍サイクルとは区別する．その詳細は**第 3 章**で説明する．

2.2.2 　冷凍効果と冷凍装置の冷凍能力

　図 2.4 に示した冷凍サイクルの蒸発器では，冷媒 1 kg 当たりで，

$$w_r = h_1 - h_4 \quad \text{(kJ/kg)} \cdots\cdots\cdots\cdots\cdots\cdots\cdots\cdots\cdots\cdots \text{(2.4)}$$

の熱量を周囲から奪う．この w_r を**冷凍効果**という．

　図 2.4 からわかるように，この冷凍効果の値は，同じ冷媒でも**冷凍サイクルの運転条件**（凝縮温度，蒸発温度，膨張弁直前の冷媒液過冷却度，蒸発器出口の冷媒蒸気過熱度など）によって変わる．装置の冷媒循環量を q_{mr} (kg/s) とすれば，装置の冷凍能力 Φ_0 は，

$$\Phi_0 = q_{mr}\,w_r = q_{mr}(h_1 - h_4) \quad \text{(kW)} \cdots\cdots\cdots\cdots\cdots\cdots \text{(2.5)}$$

であり，これを日本冷凍トンの単位（JRt）を用いて表せば

$$\varPhi_0 = \frac{3\,600\,q_{mr}(h_1 - h_4)}{13\,900} \quad \text{(JRt)} \cdots\cdots\cdots\cdots\cdots\cdots\cdots\cdots (2.6)$$

となる.

2.2.3 理論断熱圧縮動力

図2.4において,点1の状態の冷媒蒸気は,圧縮過程で理論断熱圧縮仕事の
エネルギーを受け入れて,比エンタルピーはh_1からh_2に増大して,点2の状
態になる.

したがって,冷媒循環量がq_{mr} (kg/s) のときの**理論断熱圧縮動力** P_{th} は,

$$P_{th} = q_{mr}(h_2 - h_1) \quad \text{(kW)} \cdots\cdots\cdots\cdots\cdots\cdots\cdots\cdots (2.7)$$

である.

絶対圧力の比で表したp_2/p_1 は,圧力比と呼ばれ,この比の値が大きいほど,
すなわち蒸発圧力が低いほど,また,凝縮圧力が高いほど,圧縮前後の比エン
タルピー差 $(h_2 - h_1)$ は大きくなり,単位冷媒循環量当たりの理論断熱圧縮動力
が大きくなる.

2.2.4 理論冷凍サイクルの成績係数

必要な冷凍能力を得るための消費動力が小さいことは,運転経費やエネル
ギーの節約の観点から極めて大切なことである.

そこで,冷凍能力と理論断熱圧縮動力の比

$$(COP)_{th \cdot R} = \frac{\varPhi_0}{P_{th}} = \frac{q_{mr}(h_1 - h_4)}{q_{mr}(h_2 - h_1)} = \frac{h_1 - h_4}{h_2 - h_1} \cdots\cdots\cdots\cdots\cdots\cdots (2.8)$$

を**理論冷凍サイクルの成績係数**(略してCOPとも表す.下つきの th は理論的
な場合,また R は冷凍サイクルを意味する)と呼び,冷凍サイクルの性能を示
す尺度にしている.この値が大きいほど,小さい動力で大きな冷凍能力が得ら
れることになる.

冷凍サイクルの運転条件が同一でも,冷媒の種類によって式 (2.8) の分母と
分子の値が変わるが,成績係数の値に大きな差異はない.しかし,運転条件に

よって，成績係数は大きく変わる．実際の冷凍サイクルでは常に理論断熱圧縮動力以上の圧縮動力を必要とし，また，圧縮機の機械的損失も伴うために，蒸発温度と凝縮温度などの運転条件が同じであっても，**実際の装置における冷凍サイクルの成績係数**は，式 (2.8) の理論冷凍サイクルの成績係数よりもかなり小さくなる（**第3章参照**）．

2.2.5 冷凍サイクルの運転条件と成績係数

式 (2.8) からわかるように，冷凍サイクルの成績係数は，**図 2.5** の h_1, h_2 ならびに $h_3 = h_4$ のそれぞれの値によって変わる．すなわち，成績係数は冷凍サイクルの運転条件によって変わる．

膨張弁手前の冷媒液の過冷却度および圧縮機吸込み蒸気の過熱度が同じでも，**図 2.5** の $1'-2'-3'-4'-1'$ の冷凍サイクルのように，蒸発温度が低くなり，凝縮温度が高くなる場合，

$$\Delta h' > \Delta h$$

であり，さらに，w_r' は w_r よりも少し小さくなるので，成績係数は小さくなる．また，蒸発圧力だけが低くなっても，あるいは凝縮圧力だけが高くなっても，成績係数が小さくなることも容易にわかる．

図 2.6 のように，膨張弁手前の

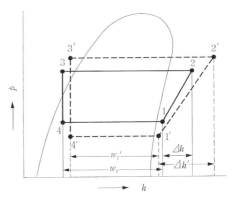

Δh, $\Delta h'$：断熱圧縮の比エンタルピー差

図 2.5 冷凍サイクルの運転条件と断熱圧縮仕事

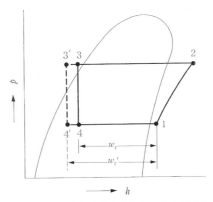

図 2.6 膨張弁前冷媒液過冷却度の大小と冷凍サイクル

冷媒液の過冷却度が大きくなる場合には，状態点が3から3′に移り，冷凍効果 w_r の値は，

$$w_r' > w_r$$

となるので，冷凍能力は大きくなる．このように，過冷却度は大きいほうがよいが，凝縮器内では，凝縮液の温度は冷却水（または冷却空気）温度以下に下げられない．過冷却度の大きさには限度があり，通常5K程度の値である．

また，蒸発器出口冷媒の過熱度が大きくなると，蒸発器の伝熱性能や装置の性能が低下する．

なお，圧縮機の吸込み蒸気の過熱度が大きくなると，圧縮機の吐出しガスの温度が高くなり，冷凍機油が劣化して圧縮機の寿命が短くなる．通常，吐出しガス温度の上限は，120～130℃とされている．

このような理由により，蒸発器出口冷媒の過熱度が3～8K程度になるように，蒸発器に送り込む冷媒流量を温度自動膨張弁を用いて調節している．

2.2.6 理論ヒートポンプサイクルの熱出力と成績係数

1.1.2項で述べたように，**ヒートポンプ装置は，凝縮負荷** Φ_k **を暖房やその他の加熱に利用するものである．** 図2.4の理論冷凍サイクルで，式（2.5）と式（2.7）から，凝縮器の凝縮負荷は

$$\Phi_k = \Phi_0 + P_{th} = q_{mr}(h_2 - h_3) \quad (kW) \cdots\cdots\cdots\cdots\cdots\cdots (2.9)$$

となる．

すなわち，ヒートポンプサイクルでは，圧縮機で理論断熱圧縮動力 P_{th}(kW) を消費して，この圧縮動力に相当する熱と蒸発器で取り入れた熱 Φ_0(kW) とが冷媒に加わって凝縮負荷 Φ_k(kW) となり，凝縮器から放出されるこの熱を利用する．

そこで，**理論ヒートポンプサイクルの成績係数** $COP_{th \cdot H}$ は，$h_3 = h_4$ であるから

$$(COP)_{th \cdot H} = \frac{\Phi_k}{P_{th}} = \frac{q_{mr}(h_2 - h_4)}{q_{mr}(h_2 - h_1)}$$

$$= \frac{(h_2 - h_1) + (h_1 - h_4)}{h_2 - h_1}$$

$$= 1 + (COP)_{\text{th·R}} \cdots\cdots\cdots\cdots\cdots\cdots\cdots\cdots\cdots\cdots (2.10)$$

となって，**理論冷凍サイクルの成績係数よりも 1 だけ大きな成績係数の値**となる．

ただし，実際のヒートポンプ装置では，**2.2.4 項**の理論冷凍サイクルの成績係数で説明したように，圧縮機が理論断熱圧縮動力以上の圧縮動力を必要とし，また，機械的損失動力もともなうので，式（2.10）の値よりも小さくなる（**第3 章参照**）．

（**例題 2.4**）　R 134 a を用いた冷凍装置が，蒸発圧力 $p_0 = 0.35$ MPa abs，圧縮機吸込み蒸気の過熱度 5 K，凝縮圧力 $p_k = 1.32$ MPa abs，膨張弁直前の冷媒液の温度 45 ℃，冷媒循環量 $q_{\text{mr}} = 0.15$ kg/s の状態で運転されている．この冷凍装置の冷凍能力 $\varPhi_0$，理論断熱圧縮動力 P_{th}，理論冷凍サイクルの成績係数 $(COP)_{\text{th·R}}$ また，同じ運転条件でヒートポンプ装置として用いたときの理論ヒートポンプサイクルの成績係数 $(COP)_{\text{th·H}}$ を求めよ．

（**解**）　**例題 2.1，2.2** および **2.3** の要領で，R 134a の p-h 線図から，蒸発圧力 $p_0 = 0.35$ MPa abs の冷媒の飽和温度は 5 ℃である．また，過熱度が 5 K であるから，**図 2.7** のように圧縮機吸込み蒸気の状態点 1 の温度は 10 ℃で，比エンタルピーは $h_1 = 406$ kJ/kg である．

状態点 1 を通る理論断熱圧縮線（等比エントロピー線）と $p_k = 1.32$ MPa abs の等圧線との交点 2 が，圧縮機における理論断熱圧縮後の吐出しガスの状態を表し，その点の比エンタルピーが $h_2 = 434$ kJ/kg．また，過冷却液の領域の 45 ℃の等温線と $p_k = 1.32$ MPa abs との交点が，膨張弁直前の冷媒液の状態 3 を表し，この点の比エンタルピーは $h_3 = h_4 = 264$ kJ/kg である．そこで，冷凍能力 $\varPhi_0$ は

$$\varPhi_0 = q_{\text{mr}}(h_1 - h_4) = 0.15 \times (406 - 264) = 21.3 \text{ kW}$$

となり，理論断熱圧縮動力 P_{th} は

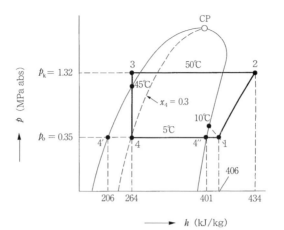

図2.7 例題2.4および2.5の冷凍サイクル

$$P_{th} = q_{mr}(h_2 - h_1) = 0.15 \times (434 - 406) = 4.20 \text{ kW}$$

となる．理論冷凍サイクルの成績係数 $(COP)_{th \cdot R}$ は

$$(COP)_{th \cdot R} = \frac{h_1 - h_4}{h_2 - h_1} = \frac{406 - 264}{434 - 406} = 5.07$$

となり，また，理論ヒートポンプサイクルの成績係数 $(COP)_{th \cdot H}$ は

$$(COP)_{th \cdot H} = \frac{h_2 - h_3}{h_2 - h_1} = \frac{434 - 264}{434 - 406} = 6.07$$

となる．

あるいは，凝縮負荷 Φ_k は (2.9) 式により，冷凍能力 Φ_0 と理論断熱圧縮動力 P_{th} の和であることから，

$$\Phi_k = \Phi_0 + P = 21.3 + 4.20 = 25.5 \text{ kW}$$

であり，これから理論冷凍サイクルの成績係数は，

$$(COP)_{th \cdot R} = \frac{\Phi_0}{P_{th}} = \frac{21.3}{4.20} = 5.07$$

同様にして，理論ヒートポンプサイクルの成績係数は，

$$(COP)_{th \cdot H} = \frac{\Phi_k}{P_{th}} = \frac{\Phi_0 + P_{th}}{P_{th}} = \frac{25.5}{4.20} = 6.07$$

として，求めてもよい．

ヒートポンプとして使用すれば，圧縮機による損失のない理論ヒートポンプサイクルの場合には，1 kW の電気入力で 6.07 kW 分の熱出力の暖房あるいは加熱ができることになり，温熱を得る場合に非常に有利であり，かつ従来の電気加熱システムよりも効率がよい．ただし，**2.2.6項**に述べたように，実際の装置では，圧縮機の損失や各種の熱損失などがあり，ここで求めた値の 60～70 ％程度の熱出力になってしまうが，それでもかなり効率のよい加熱装置であることには変わりない（**第3章参照**）．

灯油や都市ガスを燃やして暖房や加熱の熱エネルギーを得るのとは異なり，ヒートポンプ装置は外気や廃熱のもっている熱エネルギーを，より温度の高い所に汲み上げる仕事を行っているだけである．冷媒により，この熱エネルギーを汲み上げるのに蒸発器と圧縮機が使われているが，圧縮機の圧縮動力に相当する熱エネルギーが冷媒に加わり，蒸発器で取り込んだ熱エネルギーとともに，凝縮器から放出されて利用されるので，結果として圧縮動力は無駄なく熱として回収できることになる．

（**例題 2.5**）　前問の**例題**で，蒸発器入口 4 の状態点の冷媒の乾き度はいくらか．

（**解**）　R 134a の p–h 線図から，蒸発圧力 p_0=0.35 MPa abs の飽和液に（′），また，乾き飽和蒸気に（″）の記号をつけて，それぞれの比エンタルピーの値は，

$$h'=206 \text{ kJ/kg}, \quad h''=401 \text{ kJ/kg}$$

が求まる．したがって，式（2.2）から乾き度は

$$x=\frac{h_4-h'}{h''-h'}=\frac{264-206}{401-206}=\frac{58}{195}=0.30$$

となる．また p–h 線図の等乾き度線からも同様な値が読み取れる．

2.3　二段圧縮冷凍装置

これまでに述べた冷凍装置は，**単段圧縮冷凍装置**で，冷媒の蒸発温度がほぼ −30℃ ぐらいまでの場合に使用される．蒸発温度がそれ以下の場合には，圧力

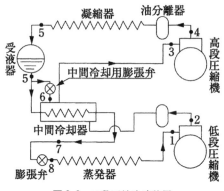

図 2.8　二段圧縮冷凍装置

比が大きくなるため圧縮機の効率の低下と，圧縮機吐出しガスの高温化にともなう冷媒と冷凍機油の劣化を防止するために，図 2.8 のような**二段圧縮冷凍装置**が一般に使用される．この装置は単段圧縮の場合よりも高温の温熱を得るヒートポンプとしても使用される．

　二段圧縮冷凍装置では，蒸発器からの冷媒蒸気を**低段圧縮機**で中間圧力まで圧縮し，中間冷却器と呼ばれる熱交換器に送って過熱を除去し，**高段圧縮機**で再び凝縮圧力まで圧縮するようにしている．このように，圧縮の途中で冷媒ガスを一度冷却しているので，高段圧縮機の吐出しガス温度が高くならない．また，圧縮機の損失を減らすことができ，圧縮機効率の低下を防ぐことができる．

　さらに，凝縮器を出た冷媒の過冷却度が中間冷却器によって大きくなるので冷凍効果および成績係数が増大する．

第3章 圧縮機の構造，性能と装置の実際の成績係数

3.1 圧縮機の種類

圧縮機は冷媒蒸気の圧縮の方法により，**容積式**と**遠心式**に大別される．容積式圧縮機には，往復式，ロータリー式，スクロール式，スクリュー式など種々の形式がある．これら圧縮機のこれら分類と主な用途，特徴について**表3.1**に示す．

圧縮機の駆動は主として電動機を用いており，一部の小・中形と多くの大形圧縮機は，圧縮機と電動機を別々に置いて，それらを直結駆動あるいはベルト掛け駆動する．これらを**開放圧縮機**（図3.1，図3.2）と呼んでいる．

開放圧縮機は，動力を伝えるための軸（シャフト）が圧縮機ケーシングを貫通して外部に突き出ているので，そこに冷媒の漏止め用のシャフトシールを必要とする．

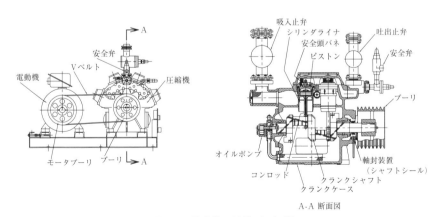

図3.1 開放往復圧縮機（8気筒）

表3.1 圧縮機の分類

形　式		圧縮部構造	密閉構造	主　な　用　途	駆動動力 [kW]	特　徴　な　ど
容積式	レシプロ（往復式） ピストン・クランク式		開　放	冷凍冷蔵倉庫，ヒートポンプ，車載用エアコン	0.4～120	使いやすい，機種豊富，小・中容量に適している．
			半密閉	冷凍，エアコン，ヒートポンプ	0.75～45	
			全密閉	家庭用冷蔵庫，ショーケース，製氷機，エアコン	0.1～15	
	ピストン・斜板式		開　放	カーエアコン	0.75～5	カーエアコン専用 容量制御容易
	ロータリー式 ローリングピストン式		全密閉	小形冷凍機，ショーケース，ルームエアコン，パッケージエアコン，給湯，ヒートポンプ，冷蔵庫	0.1～10	小容量　高速化 大容量にはツインピストン式が用いられる．
	ロータリーベーン式		開　放	カーエアコン	0.75～2.2	容量に対して小形
			全密閉	冷蔵庫，エアコン	0.6～5.5	
	スクロール式		開　放	カーエアコン	0.75～2.2	
			半密閉	EV車用カーエアコン	0.75～2.2	
			全密閉	ルームエアコン，パッケージエアコン，ビル用マルチエアコン，チラー，冷凍，給湯，ヒートポンプ，冷凍冷蔵倉庫	0.75～20	小容量，高速化 冷凍や給湯ではエコノマイザ式が使用される．
	スクリュー式 ツインロータ		開　放	冷凍，中規模・大規模ビル空調，ヒートポンプ，車載用エアコン	20～1 800	遠心式に比べて，高圧力比に適しているため，ヒートポンプ，冷凍に多用される．小容量のものは半密閉化が進む．
			半密閉	冷凍，中規模ビル空調，ヒートポンプ，チラー	30～300	
	シングルロータ		開　放	冷凍，中規模・大規模ビル空調，ヒートポンプ	100～1 100	
			半密閉	冷凍，空調，ヒートポンプ，エアコン	22～600	
遠心式		羽根車 渦巻室	開　放	冷凍，中規模・大規模ビル空調，大型冷蔵倉庫	90～10 000	大容量に適している．より高い圧力比を確保するために二段が用いられる．
			全密閉			

しかし，技術的工夫によって，電動機巻線に適切な絶縁材料を用いることにより，電動機を圧縮機ケーシング内に入れることが可能である．そこで，小・中形では圧縮機と電動機が直結されてケーシングの中に収められ，一体構造と

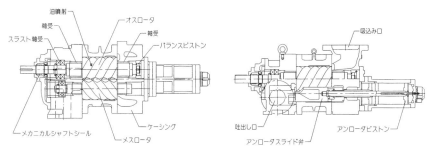

図 3.2　開放スクリュー圧縮機（ツイン）

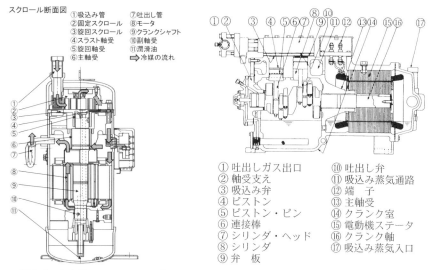

図 3.3　全密閉スクロール圧縮機　　　　図 3.4　半密閉往復圧縮機

した**密閉圧縮機**がフルオロカーボン冷凍装置に多く使用されている．とくに，ケーシングを溶接密封したものを**全密閉圧縮機**（図 3.3），ボルトを外すことによって圧縮機内部の点検，修理が可能なものを**半密閉圧縮機**（図 3.4）と呼んでいる．これに対して，アンモニア圧縮機では，冷媒が電動機の銅巻線を侵食するので，開放形が主に利用される．しかし，近年は電動機の巻線にアンモニア環境下で使用できる材質を用いて，圧縮機と電動機を直結した半密閉圧縮機も使用されるようになってきている．

3.2 圧縮機の性能

圧縮機の性能は，圧縮機の大きさや回転速度，吸込み蒸気の圧力と温度や吐出しガス圧力など，圧縮機出入り口の運転条件で定まり，また，1秒間当たりに吸い込まれる冷媒蒸気量によって決まる．さらに，装置の性能は装置全体の運転条件によって決まるが，とくに圧縮機の性能が冷凍装置やヒートポンプ装置の成績係数に及ぼす影響が大きい．

ここでは，主として**往復圧縮機**を使用した場合について説明する．

3.2.1 ピストン押しのけ量

冷凍装置における冷凍能力の大小（冷凍装置の容量）を決めるには，まず圧縮機のピストン押しのけ量を考えなければならない．

(a) 往復式

圧縮機の**ピストン押しのけ量**とは，1秒間当たりのピストン押しのけ量 $V(\text{m}^3/\text{s})$ のことで，次式のように全ピストン行程容積と回転速度によって決まる．

$$V = \frac{\pi D^2}{4} L N \frac{n}{60} \ (\text{m}^3/\text{s}) \cdots\cdots\cdots\cdots\cdots\cdots\cdots\cdots\cdots\cdots\cdots\cdots\cdots\cdots (3.1)$$

ここで，D：気筒径 (m)

L：ピストン行程 (m)

N：気筒数

n：毎分の回転数 (rpm)

$\dfrac{\pi D^2}{4}$：気筒断面積 (m^2)

π：円周率 (=3.141 6)

(b) ロータリー式 (回転ピストン式)

$$V = \frac{\pi}{4} (D^2 - d^2) L N \frac{n}{60} \ (\text{m}^3/\text{s})$$

ここに D：シリンダ（気筒）
の直径 (m)
d：ロータの直径 (m)
L：ロータの厚さ (m)
N：シリンダの数
n：毎分の回転数
(rpm)

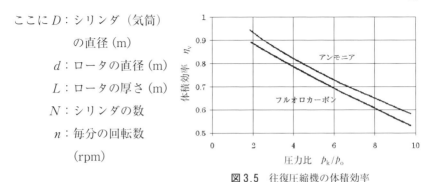

図 3.5 往復圧縮機の体積効率

3.2.2 体積効率と冷媒循環量

圧縮機が蒸気をシリンダに吸い込んで圧縮し，吐き出す量は，実際には式(3.1)のピストン押しのけ量 V よりも小さくなる．

この理由は，圧縮機が蒸気をシリンダに吸い込む際の通路とシリンダでの加熱と吸込み弁の絞りの抵抗，蒸気を圧縮する際のピストンからクランクケースへの漏れ，圧縮されたガスが吐き出される際の吐出し弁の絞りの抵抗，シリンダ上部**すきま容積（クリアランスボリューム）**内の圧縮ガスの再膨張，吸込み弁と吐出し弁の作動遅れや漏れなどがあるためである．

これらの影響は，**圧縮機の実際の吸込み蒸気量** q_{vr}(m³/s) を実測から求めて，**体積効率** η_v で表している．すなわち，

$$\eta_v = \frac{q_{vr}}{V} \quad\cdots\cdots\cdots\cdots\cdots\cdots\cdots\cdots\cdots\cdots\cdots (3.2)$$

である．

体積効率の値は，圧力比の大きさ，圧縮機の構造などによって異なり，**圧力比**とシリンダの**すきま容積比**が大きくなるほど体積効率が小さくなる．往復圧縮機の体積効率の例を**図 3.5** に示す．

ここで圧力比とは，

$$圧力比 = \frac{吐出しガスの絶対圧力}{吸込み蒸気の絶対圧力} = \frac{p_k}{p_o} \cdots\cdots\cdots\cdots\cdots\cdots (3.3)$$

である．

そこで，圧縮機の実際の吸込み蒸気量 q_{vr} は式 (3.2) から，

$$q_{vr} = V\eta_v \quad (\text{m}^3/\text{s}) \cdots\cdots\cdots\cdots\cdots\cdots\cdots\cdots\cdots (3.4)$$

さらに，これを 1 秒間当たりの質量で表すと，冷媒循環量 $q_{mr}(\text{kg/s})$ は式 (3.1) のピストン押しのけ量 $V(\text{m}^3/\text{s})$，圧縮機の吸込み蒸気の比体積 $v(\text{m}^3/\text{kg})$ および体積効率 η_v の大きさによって決まり，

$$q_{mr} = \frac{q_{vr}}{v} = \frac{V\eta_v}{v} \quad (\text{kg/s}) \cdots\cdots\cdots\cdots\cdots\cdots\cdots\cdots (3.5)$$

となる．

吸込み蒸気の比体積は，吸込み圧力が低いほど，吸込み蒸気の過熱度が大きいほど大きくなり，冷媒循環量が減少する．

3.2.3 圧縮機の冷凍能力

式 (2.5) の冷凍装置に必要な冷媒循環量 q_{mr} が，前節の式 (3.5) の冷媒循環量と同じになる．このときの**圧縮機の冷凍能力 Φ_o** は，

$$\Phi_o = q_{mr}w_r = \frac{V\eta_v}{v}(h_1 - h_4) \quad (\text{kW}) \cdots\cdots\cdots\cdots\cdots\cdots (3.6)$$

である．そこで，圧縮機の冷媒循環量 q_{mr} と蒸発器の出入り口の比エンタルピー差 $(h_1 - h_4)$ が与えられると，冷凍能力が決まる．

(**注1**) 圧縮機の吸込み蒸気の比体積 v と体積効率 η_v の大きさが運転条件によって変わると，圧縮機の冷媒循環量 q_{mr} も変わる．また，冷凍装置が必要とするピストン押しのけ量 V は式 (3.6) から

$$V = \frac{\Phi_o v}{\eta_v(h_1 - h_4)} \quad (\text{m}^3/\text{s})$$

によって求めることができる．

(**注2**) **冷凍保安規則**では，単段圧縮機のとき，次の算式により法定冷凍能力を求めることになっている．

$$R = \frac{V}{C}$$

ただし,

　　　R：法による1日の冷凍能力（冷凍トン）

　　　V：ピストン押しのけ量　（m³/h）

　　　C：冷媒ごとに定められた定数

C の値の例を次表に示す.（なお,この表にない冷媒の詳細については冷凍
保安規則第5条を参照のこと.）

冷　媒　名	R 22	R 134 a	R 404 A	R 407 C	R 410 A	アンモニア	CO_2
気筒1個の体積5 000 cm³ 超	7.9	13.5	7.7	9.2	5.4	7.9	1.7
気筒1個の体積5 000 cm³ 以下	8.5	14.4	8.2	9.8	5.7	8.4	1.8

　　この規則による R の算式は,簡単化のために運転条件を一律に凝縮温度
30 ℃,過冷却度5 K,蒸発温度は −15 ℃ で乾き飽和蒸気を圧縮機（気筒1個
の体積5 000 cm³ 以下では体積効率は 0.75）が吸い込むものとして,C の値
を定めている.したがって,空調用圧縮機では,吸込み蒸気の比体積 v が小
さいため冷媒循環量 q_{mr} が大きく,実際の冷凍能力が法定の冷凍能力よりも
はるかに大きい.

3.3　圧縮機の効率と軸動力

圧縮機を駆動するのに必要な実際の軸動力は,冷媒循環量とともに,圧縮機
の断熱効率と機械効率とを考慮しなければならない.

3.3.1　断熱効率と機械効率

圧縮機が吸い込んだ蒸気を圧縮して吐き出すときには,吸込み弁と吐出し弁
の流れの抵抗や作動遅れなどがあり,また,機械的摩擦損失動力もある.

　これらの理由で,実際の圧縮機の駆動に必要な**軸動力** P は,蒸気の圧縮に必
要な**圧縮動力** P_c と**機械的摩擦損失動力** P_m の和

$$P = P_c + P_m　(kW) \cdots\cdots\cdots\cdots\cdots\cdots\cdots\cdots\cdots (3.7)$$

で表すことができ，この圧縮機の
駆動軸動力 P がクランク軸に実
際に入力される軸動力で，これは
2.2.3 項の理論断熱圧縮動力 P_{th}
よりも大きくなる.

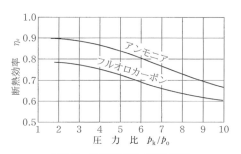

図 3.6　往復圧縮機の断熱効率

そこで，理論断熱圧縮動力 P_{th} と実際の圧縮機での蒸気の圧縮に必要な圧縮動力 P_c との比を**断熱効率** η_c という.

$$\eta_c = \frac{P_{th}}{P_c} \quad\cdots\cdots(3.8)$$

圧力比が大きくなると，**断熱効率**は小さくなる．往復圧縮機の断熱効率の例を**図 3.6** に示す．

また，圧縮機駆動の際の機械的摩擦損失動力 P_m は，主として圧縮機の運転にともなう摩擦仕事によるもので，この影響は，蒸気の圧縮に必要な圧縮動力 P_c と軸動力 P との比を**機械効率** η_m という．

$$\eta_m = \frac{P_c}{P} \quad\cdots\cdots(3.9)$$

圧力比が大きくなると，機械効率は若干小さくなるが，$\eta_m = 0.8 \sim 0.9$ 程度である．

ここで，式 (3.8) と式 (3.9) の断熱効率 η_c と機械効率 η_m との積から，

$$\eta_c \eta_m = \eta_{tad} = \frac{P_{th}}{P} \quad\cdots\cdots(3.10)$$

となり，この $(\eta_c \eta_m)$ に等しい η_{tad} を**全断熱効率**ともいい，これは理論断熱圧縮動力 P_{th} と実際の圧縮機の駆動軸動力 P の比を表している．

3.3.2　圧縮機の駆動軸動力

実際の**圧縮機の駆動軸動力** P は，式 (3.10) の理論断熱圧縮動力 P_{th} と効率 η_c, η_m から，

$$P = \frac{P_{th}}{\eta_c \eta_m} = \frac{P_{th}}{\eta_{tad}} \quad (kW) \cdots\cdots\cdots\cdots\cdots\cdots\cdots (3.11)$$

となる.

この式 (3.11) を用いると,圧縮機の仕様と運転条件から,計算によって定まる式 (2.7) の理論断熱圧縮動力 P_{th} と,圧縮機の効率 η_c, η_m が与えられると,実際の圧縮機の駆動軸動力 P が求められる.すなわち,

$$P = \frac{q_{mr}(h_2 - h_1)}{\eta_c \eta_m} = \frac{V \eta_v (h_2 - h_1)}{v \eta_c \eta_m} \quad (kW) \cdots\cdots\cdots\cdots\cdots (3.12)$$

である.

3.4 装置の実際の成績係数

3.4.1 冷凍装置の実際の成績係数

断熱効率 η_c と機械効率 η_m がともに1で,圧縮機に何の損失もない場合の**理論冷凍サイクルと理論ヒートポンプサイクルの成績係数については,第2章で説明した.**

3.3 節の説明のように,圧縮機の諸損失を考慮した場合($\eta_c < 1$, $\eta_m < 1$),装置の実際の成績係数は,次のようにして求める.

冷凍装置の実際の成績係数 $(COP)_R$ は,式 (2.5) の冷凍能力 Φ_o と式 (3.11) および式 (3.12) の圧縮機の駆動軸動力 P との比から,

$$(COP)_R = \frac{\Phi_o}{P} = \frac{\Phi_o}{\dfrac{P_{th}}{\eta_c \eta_m}} = \frac{q_{mr}(h_1 - h_4)}{q_{mr}(h_2 - h_1)} \eta_c \eta_m$$

$$= \frac{h_1 - h_4}{h_2 - h_1} \eta_c \eta_m \cdots\cdots\cdots\cdots\cdots\cdots\cdots\cdots\cdots (3.13)$$

となる.そこで,蒸発器出入り口の冷媒の比エンタルピー差 $(h_1 - h_4)$,圧縮機における圧縮を理論的な断熱圧縮と考えた場合の,圧縮の前後の冷媒の比エンタルピー差 $(h_2 - h_1)$ と圧縮機の効率 η_c と η_m の大きさによって,冷凍装置の実際の成績係数 $(COP)_R$ の値が決まる.

圧縮機吐出しガスの実際の状態点を 2′,その比エンタルピーの値を $h_2{}'$ とす

れば，

$$h_2' - h_1 = \frac{h_2 - h_1}{\eta_c \eta_m}$$

これから，

$$h_2' = h_1 + \frac{h_2 - h_1}{\eta_c \eta_m} \cdots (3.14)$$

と表せる（**図 3.7**）．

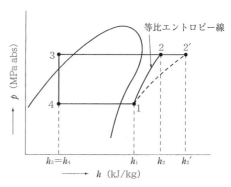

図 3.7　実際の吐出しガスの状態点

（**注**）　圧縮機の機械的摩擦損失動力に相当する熱エネルギーが冷媒には加えられず，圧縮機の外表面や油冷却器などから外部に放出される場合には式（3.14）は

$$h_2' - h_1 = \frac{h_2 - h_1}{\eta_c}$$

$$h_2' = h_1 + \frac{h_2 - h_1}{\eta_c} \cdots\cdots\cdots\cdots\cdots\cdots\cdots\cdots (3.15)$$

となる．

3.4.2　ヒートポンプ装置の実際の成績係数

2.2.6項で述べたように，ヒートポンプ装置の理論加熱能力は冷凍能力 Φ_o に理論断熱圧縮動力 P_{th} を加えたものである．実際の加熱能力 Φ_k は圧縮機の機械的摩擦損失仕事が熱となって冷媒に加えられる場合には，

$$\Phi_k = \Phi_o + P = \Phi_o + \frac{P_{th}}{\eta_c \eta_m}$$

$$= q_{mr}(h_1 - h_4) + \frac{q_{mr}(h_2 - h_1)}{\eta_c \eta_m} \quad (\text{kW}) \cdots\cdots\cdots\cdots (3.16)$$

で表される．
また，圧縮機の機械的摩擦損失仕事が熱となって冷媒に加えられない場合には，

$$\Phi_k = \Phi_o + \frac{P_{th}}{\eta_c} = q_{mr}(h_1 - h_4) + \frac{q_{mr}(h_2 - h_1)}{\eta_c} \quad (\text{kW}) \cdots\cdots\cdots (3.17)$$

で表される. ここで, 膨張弁での絞り膨張の前後の比エンタルピーは, $h_3 = h_4$ で変わらない.

そこで, ヒートポンプ装置の実際の成績係数 $(COP)_H$ の値は, 機械的摩擦損失仕事が熱となって冷媒に加えられる場合には,

$$(COP)_H = \frac{\Phi_k}{P} = \frac{\Phi_o + P}{P} = \frac{\Phi_o}{P} + 1$$

$$= (COP)_R + 1 \cdots\cdots\cdots\cdots\cdots\cdots\cdots (3.18)$$

となり, ヒートポンプ装置の実際の成績係数 $(COP)_H$ の値は, 式 (3.13) で表せる実際の冷凍装置の成績係数 $(COP)_R$ よりも 1 だけ大きな値となる.

また, 機械的摩擦損失仕事が熱となって冷媒に加えられない場合には, 式 (3.11), 式 (3.13) および式 (3.17) より

$$(COP)_H = \frac{\Phi_k}{P} = \frac{\Phi_o + \dfrac{P_{th}}{\eta_c}}{\dfrac{P_{th}}{\eta_c \eta_m}} = \frac{\Phi_o}{\dfrac{P_{th}}{\eta_c \eta_m}} + \eta_m = (COP)_R + \eta_m \cdots\cdots (3.19)$$

となり, $(COP)_R$ よりも η_m だけ大きくなる.

(例題 3.1) **第 2 章の例題 2.4** と同様に, ある冷凍装置が蒸発圧力 $p_o = 0.350$ MPa abs, 圧縮機吸込み蒸気の過熱度 5 K, 凝縮圧力 $p_k = 1.32$ MPa abs, 膨張弁手前冷媒液の温度 45 ℃, 冷媒循環量 $q_{mr} = 0.15$ kg/s の状態で運転されている. この冷凍装置の実際の圧縮機の駆動軸動力 P(kW), 冷凍装置の成績係数 $(COP)_R$, さらに, これと同じ運転条件でヒートポンプ装置として用いたときの実際の成績係数 $(COP)_H$ の値を求めよ. ただし, 圧縮機の断熱効率 $\eta_c = 0.80$, 機械効率 $\eta_m = 0.85$ とし, 機械的摩擦損失仕事が熱となって冷媒に加わるものとする.

(解) **例題 2.4** の **(解)** から,

$h_1 = 406$ kJ/kg

$h_2 = 434$ kJ/kg (理論断熱圧縮の場合)

$h_3 = h_4 = 264$ kJ/kg

である.

圧縮機の駆動軸動力 P は，式（3.12）から

$$P=\frac{q_{\mathrm{mr}}(h_2-h_1)}{\eta_{\mathrm{c}}\eta_{\mathrm{m}}}=\frac{0.15\times(434-406)}{0.80\times0.85}=6.18\,\mathrm{kW}$$

実際の冷凍装置の成績係数 $(COP)_{\mathrm{R}}$ の値は，式（3.13）から

$$(COP)_{\mathrm{R}}=\frac{h_1-h_4}{h_2-h_1}\eta_{\mathrm{c}}\eta_{\mathrm{m}}=\frac{406-264}{434-406}\times0.80\times0.85=3.45$$

実際のヒートポンプ装置の凝縮負荷 $\varPhi_{\mathrm{k}}$ は，式（3.16）から

$$\varPhi_{\mathrm{k}}=\varPhi_{\mathrm{o}}+P=q_{\mathrm{mr}}(h_1-h_4)+P\quad(\mathrm{kW})$$

$$=0.15\times(406-264)+6.18$$

$$=21.3+6.18=27.5\,\mathrm{kW}$$

そこで，ヒートポンプ装置の実際の成績係数 $(COP)_{\mathrm{H}}$ は，式（3.18）から

$$(COP)_{\mathrm{H}}=\frac{\varPhi_{\mathrm{k}}}{P}=\frac{27.48}{6.18}=4.45$$

あるいは，

$$(COP)_{\mathrm{H}}=(COP)_{\mathrm{R}}+1=3.45+1=4.45$$

となり，運転条件が同じであれば，実際のヒートポンプ装置の成績係数の値は，機械的摩擦損失仕事が熱となって冷媒に加わる場合には，冷凍装置の実際の成績係数の値よりも，1 だけ大きな値となる.

3.4.3 成績係数と運転条件との関係

装置の成績係数は，凝縮温度と蒸発温度などの装置の運転条件によって大きく変わる.

このことに関しては，すでに **2.2.5 項**で説明したが，**第2章**では圧縮機が理論的な断熱圧縮を行う理想的な場合であり，圧縮機は何の損失もないものとしている.しかし，実際の装置における圧縮機では，本章の **3.3 節**で説明したような各種の損失があり，これらの損失を断熱効率と機械効率で示した.

そこで，実際の装置の性能は，これらの圧縮機の効率も含めて考えなければ

ならない.蒸発温度と凝縮温度との温度差が大きくなると,圧力比が大きくなり,冷媒1kgあたりの圧縮仕事が大きくなるとともに断熱効率と機械効率が小さくなるので,冷凍装置の成績係数は大きく低下する.とくに,蒸発温度を低くして運転すると,圧縮機の吸込み蒸気の比体積が大きく(蒸気が薄く)なり,圧縮機の体積効率も小さくなるので,冷媒循環量が減少する.これは,冷凍装置の成績係数が小さくなるとともに,冷凍能力やヒートポンプ加熱能力も小さくなることでもある.

3.5 圧縮機の容量制御

3.5.1 往復圧縮機の容量制御装置

冷凍装置にかかる負荷は時間的に一定でないので,冷凍負荷が大きく減少した場合に,圧縮機の容量を調節できるようにした装置が**図3.8**の**容量制御装置(アンローダ)**である.

容量制御装置がなければ,負荷減少時に吸込み圧力が低くなり,1冷凍トン当たりの消費動力が増加し,成績係数が小さくなって不利な運転となる.

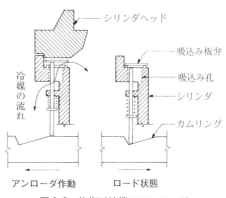

図3.8 往復圧縮機のアンローダ

多気筒の往復圧縮機には,通常,この容量制御装置が取り付けてあり,吸込み板弁を開放して,作動気筒数を減らすことにより,25～100%の範囲で容量を段階的に変えられるようになっている.

  4気筒圧縮機:100,50%
  6気筒圧縮機:100,66,33%
  8気筒圧縮機:100,75,50,25%

圧縮機の始動時には,冷凍機油の油圧が正常に上がるまではアンロード状態で,

圧縮機始動時の**負荷軽減装置**としても使われている．

3.5.2　スクリュー圧縮機の容量制御装置

スクリュー圧縮機を用いた冷凍装置にかかる負荷が大きく減少した場合，圧縮機の容量を無段階に調節できるようにした装置が図 3.9 の容量制御装置である．多気筒の往復圧縮機と異なり，無段階に調節できるため，負荷変動に対して追従性がよい．また，圧縮機始動時の負荷軽減装置としても使われている．しかし，低負荷状態で長時間運転すると吐出しガス温度が高くなることがあるので注意する必要がある．

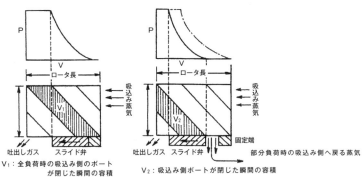

図 3.9　スクリュー圧縮機のアンローダ

3.5.3　圧縮機の回転速度と容量

冷凍能力は，圧縮機の回転速度によって変えることができる．

圧縮機の回転速度がある限定された範囲内では，体積効率があまり変わらず，圧縮機の回転速度と容量はほぼ比例する．しかし，回転速度が大きく変化する場合，低速回転時あるいは高速回転時のいずれの場合にも体積効率が低下するため，圧縮機の回転速度と容量は比例して増減しなくなる．このような場合には，冷凍能力も回転速度に比例しない．

インバータを利用すると，電源周波数を変えて圧縮機の回転速度を調節することができる．インバータは，圧縮機駆動用電動機への供給電源の周波数を変

化させるもので,圧縮機回転速度の無段階に近い調節を行うことが可能になる.
しかし,クランク軸端に油ポンプを付けている圧縮機では,あまり低速にすると適正な給油圧力が得られず,潤滑不良となるので注意が必要である.

3.6 圧縮機の保守

3.6.1 頻繁な始動,停止

圧縮機が頻繁な始動と停止を繰り返すと,駆動用電動機は始動時に大きな電流が流れるので,**電動機巻線の異常な温度上昇**を招き,**焼損の恐れ**があり,**圧縮機の保守**の点からも好ましくない.また,このような運転は消費電力の増大にもなる.回転方向が定まっている圧縮機では逆転による損傷を起こさないように注意が必要である.

3.6.2 吸込み弁と吐出し弁の漏れの影響

往復圧縮機の吸込み弁と吐出し弁は,弁板の割れや変形,弁座の割れや傷,弁ばねの破損,異物の付着などによってガス漏れを生じることがある.

吸込み弁からガスが漏れると,圧縮機の体積効率が低下し,冷凍装置の冷凍能力が低下する.吐出し弁からシリンダヘッド内のガスがシリンダ内に漏れると,シリンダ内に絞り膨張して過熱蒸気となり,吸込み蒸気と混合して,吸い込まれた蒸気の過熱度が大きくなる.このために,吐出しガス温度が高くなり,冷凍機油を劣化させる.さらに,圧縮機の体積効率は低下し,冷凍能力も低下する.

3.6.3 ピストンリングからの漏れの影響

図 3.10 のように,一般の圧縮機のピストンには,ピストンリングとして,上部に 2~3 本のコンプレッションリングと,下部に 1~2 本のオイルリング(油かきリング)が付いている.

コンプレッションリングが著しく摩耗すると,ガス漏れを生じ,体積効率と冷凍能力が低下する.

また，オイルリングが著しく摩耗すると，圧縮機からの**油上がり**が多くなり，圧縮機から凝縮器に向かってかなりの量の冷凍機油が送り出される．**油分離器**があっても，そこで冷凍機油は完全には分離できないので，凝縮器や蒸発器の伝熱面に冷凍機油が付着し，**熱交換器での伝熱**が悪くなり，冷凍能力が低下する．

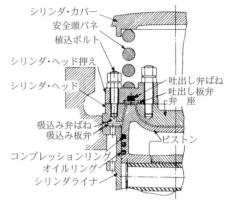

図3.10　シリンダヘッド組立図

3.6.4　給油圧力と油量

通常，往復圧縮機では，クランク軸端に付けたギアポンプでクランクケースの油溜めから冷凍機油を汲み上げて，加圧して圧縮機各部の摺動部に給油している．この給油方式は，**強制給油式**と呼んでいる．

冷凍機油は，圧縮機にとって不可欠なもので，潤滑不良は摺動各部に焼け付きを生じ，運転不能となる．

潤滑が円滑で，十分に行われるためには，適当な油圧が確保されていなければならない．この油圧は油圧計で，また，油量はクランクケースの油面計で確認する．**給油圧力**は，

　　　　（給油圧力）＝（油圧計指示圧力）－（クランクケース圧力）

であるから，この計算をもとにして，給油圧力を判断しなければならない．

給油圧力は**油圧調整弁**で調節する．適正な給油圧力は往復圧縮機の場合は0.15〜0.4 MPaであるが，圧縮機の取扱説明書によるのがよい．

一方，スクリュー圧縮機の給油には，高圧の油溜りから圧力差を利用して給油する差圧式と油ポンプを用いる強制給油式の2通りがある．運転時はオイルセパレータの油面計で油量を確認する．給油圧力は，強制給油式で（吐出し圧力）＋（0.2〜0.3 MPa），差圧式で（吐出し圧力）－（0.05〜0.15 MPa）が適正値であ

るが，圧縮機の取扱説明書に従うのがよい．

　フルオロカーボン冷凍装置の運転で液戻りが著しくなると，冷凍機油に冷媒液が多量に溶け込んで**冷凍機油の粘度を低下**させるので，圧縮機が潤滑不良となる．

3.6.5　オイルフォーミング

　フルオロカーボン冷媒用の圧縮機では，圧縮機停止中の油温が低いときに，冷凍機油に冷媒が溶け込む割合が大きくなる．

　往復圧縮機をこのような状態で**始動**すると，クランクケース内の冷凍機油の中の冷媒が気化して，冷凍機油が沸騰したような激しい泡立ちが発生する．また，**液戻り**した場合にも，同様の現象が起こる．

　この現象を**オイルフォーミング**といい，圧縮機からの**油上がり**が多くなり，給油圧力の低下，潤滑不良やオイルハンマなどを起こすことがある．

　スクリュー圧縮機では，圧縮機内で，冷凍機油に溶け込んでいる冷媒が急激に気化し，吐出しガス温度が低下し，油上がりが多くなる．さらに，油ポンプの吸込み配管内で気泡が発生し，油ポンプがキャビテーションを起こし，油圧が低下し，油圧保護圧力スイッチが作動して，圧縮機が運転できなくなることがある．

　オイルフォーミングを防止するために，圧縮機ではクランクケースなどの油溜りにヒータを，スクリュー圧縮機では油分離器の油溜めにヒータを用いて，圧縮機の運転開始前に油温を周囲温度よりも高くしておき，冷凍機油中に溶け込んでいる冷媒の溶解量を少なくしている．

　アンモニアを冷媒とする場合にも，クランクケース内の冷凍機油にわずかにアンモニアが溶け込んだり，液戻り時に温かい冷凍機油と混合したアンモニアがオイルフォーミング現象を起こすことがある．

第4章　冷媒およびブライン

4.1　冷媒の種類

　冷凍・空調装置やヒートポンプ装置で用いられる作動流体を冷媒という．冷媒は，蒸発と凝縮を繰り返しながら冷凍・空調装置やヒートポンプ装置内を循環し，低温部分から高温部分に連続的に熱を運ぶ作動流体としての役割を演じている．

　表4.1に，冷媒の種類を示す．冷媒にはそれぞれ冷媒記号が与えられている．冷媒の種類は多いが，**フルオロカーボン冷媒**とそれ以外の冷媒とに大別される．

　フルオロカーボン冷媒は，飽和炭化水素（メタンやエタン）中あるいは不飽和炭化水素（プロピレンなど）中の水素原子のいくつかを，ハロゲン（塩素，ふっ素など）で置換して合成された冷媒の総称である．フルオロカーボン冷媒は，分子構造から，R 12などの**CFC（クロロフルオロカーボン）冷媒**，R 22などの**HCFC（ハイドロクロロフルオロカーボン）冷媒**，R 134 aなどの**HFC（ハイドロフルオロカーボン）冷媒**，R 1234 yfなどの**HFO（ハイドロフルオロオレフィン）冷媒**に分類される．これらはいずれも単一の成分からなる冷媒である．

　単一成分冷媒をいくつか混ぜ合わせた**混合冷媒**もある．混合冷媒は**非共沸混合冷媒**と**共沸混合冷媒**に分けられる．非共沸混合冷媒は，たとえば，ある圧力一定のもとで凝縮するとき，液相や気相の成分割合が変化し，凝縮始めの露点温度と凝縮終わりの沸点温度とに差（**温度勾配**ともいう）が生じる．なお，一定圧力下の蒸発過程においても同様の温度勾配を生じる．ある特定の成分割合において温度勾配を生ずることなく，あたかも単一成分冷媒と同じように，ある圧力一定のもとで温度一定で凝縮または蒸発する混合冷媒を共沸混合冷媒と

表 4.1　冷媒の種類

大分類	中分類	冷媒記号	分子構造（成分比）	ODP	GWP$_{100}$
フルオロカーボン	CFC	R 11	CCl_3F	1	4 600
		R 12	CCl_2F_2	1	10 600
	HCFC	R 22	$CHClF_2$	0.055	1 700
		R 123	$CHCl_2CF_3$	0.02	120
	HFC	R 32	CH_2F_2	0	550
		R 134a	CH_2FCF_3	0	1 100
		R 404A	44mass%R 125/4mass% R 134a/52mass%R 143a	0	3 784
		R 410A	(50mass%R32/50mass% R125) 非共沸混合冷媒	0	1 975
		R 507A	(50mass%R 125/50mass% R 143 a) 共沸混合冷媒	0	2 199
	HFO	R 1234yf	$CF_3CF=CH_2$	0	4
		R 1234ze	$CF_3CH=CHF$	0	6
その他（自然冷媒）	HC	R 290（プロパン）	$CH_3CH_2CH_3$	0	0
		R 600a（イソブタン）	$CH_3CHCH_3CH_3$	0	3
	無機化合物	R 717（アンモニア）	NH_3	0	0
		R 744（二酸化炭素）	CO_2	0	1

※ GWP$_{100}$ は 2001 年 IPPC 報告書による.

呼ぶ. 温度勾配の小さい非共沸混合冷媒は共沸に近い凝縮（蒸発）特性をもつので**疑似共沸混合冷媒**と呼ばれることもある.

　表 4.1 中, R 404A および R 410A は非共沸混合冷媒の例である. これらの非共沸混合冷媒はともに温度勾配が 0.2～0.3 K と小さいので疑似共沸混合冷媒とも呼ばれる. R 507A は共沸混合冷媒の例である.

　フルオロカーボン冷媒以外の冷媒には, HC（ハイドロカーボン）の R 290（プロパン）, 無機化合物の R 717（アンモニア）および R 744（二酸化炭素）などがある. これらは, 元来自然界に存在する物質であることから, **自然冷媒**と呼ばれることがある.

冷媒の記号は，R を先頭に 2〜4 桁の数字を用いておおむね以下のように決められている．

単成分のフルオロカーボン冷媒の場合，分子構造によって，一の位はふっ素の原子数，十の位は水素原子数 +1，百の位は炭素原子数 −1，千の位は炭素の 2 重結合の数で表す．ただし，千の位や百の位が 0 となるときは省略される．たとえば，CH_2F_2 という分子構造をもつ冷媒の記号は，R 0032，すなわち，R 32 のように表される．

単成分冷媒を 2 種以上混合した混合冷媒の場合，非共沸混合冷媒は 400 番台，共沸混合冷媒は 500 番台の記号がそれぞれ使われる．イソブタンその他の有機化合物の場合は 600 番台が使われる．二酸化炭素およびアンモニアなどの無機化合物の場合は 700 番台が使用され，その下 2 桁は分子量の概略値で示される．たとえば，アンモニア（NH_3）の分子量の概略値は 17 であるから，アンモニアの冷媒記号は R 717 と表される．

4.2 冷媒と地球環境

表 4.1 中に，冷媒のオゾン破壊係数（ODP，R11 を 1 とする値）および地球温暖化係数（GWP，大気中年数 100 年，二酸化炭素を 1 とする値）を示した．

大気中に放出された CFC 冷媒や HCFC 冷媒は，化学的安定性が高いゆえに成層圏に到達して分解し，触媒として作用する塩素を放出し，オゾン層破壊の原因となる．また，HFC 冷媒を含む多くのフルオロカーボン冷媒は，地球温暖化をもたらす温室効果ガスでもある．このように，冷凍・空調装置に使われる冷媒は，従来の安全性やサイクル特性の観点からばかりでなく，地球環境問題を解決しようとする国際的な規制や取り組みの影響を強く受けている．

日本においては，2015 年，「フロン類の使用の合理化および管理の適正化に関する法律」，略称：「**フロン排出抑制法**」が施行されている．

現在，地球温暖化防止対策として，高い GWP をもつ HCFC 冷媒や HFC 冷媒から，低い GWP をもつ冷媒（低 GWP 冷媒）への移行が進められている．低 GWP 冷媒として，HFC 冷媒では R 32，HFO 冷媒の R 1234 yf や R 1234 ze，

HC冷媒のR290（プロパン），これらを成分とする混合冷媒，さらに，R717（アンモニア）やR744（二酸化炭素）などが挙げられる．

4.3　冷媒の熱力学性質とサイクル特性

4.3.1　飽和表，$p\text{-}h$ 線図

冷媒の**熱力学性質**は，一般に蒸気表（あるいは熱物性値表）から入手できる．蒸気表には**過熱蒸気・圧縮液表**と**飽和表**がある．過熱蒸気・圧縮液表では，温度および圧力を基準として，比体積，比エンタルピー，比エントロピーなどの値が与えられる．飽和表には，温度基準と圧力基準の2種類がある．それぞれ，温度（または圧力）を基準として，**飽和圧力**（または飽和温度），飽和液体および飽和蒸気の**比体積**，**比エンタルピー**，**比エントロピー**などを読み取ることができる．また，飽和蒸気の比エンタルピーと飽和液の比エンタルピーの差から，その温度（または圧力）における**蒸発熱**を知ることができる．

冷媒の熱力学性質のうち比エンタルピーおよび比エントロピーについては基準状態を定め，それぞれ任意の値を与える必要がある．欧州やわが国では，0℃における飽和液を基準状態と定め，それぞれ**基準値として比エンタルピー200.00 kJ/kg，比エントロピー1.000 0 kJ/(kg·K)** が採用されている．

$p\text{-}h$ 線図は，冷凍サイクルを解析するのに最も適した熱力学線図として利用されている．

巻末の**付表1〜9**に，主な冷媒の温度基準の飽和表を掲載した．また，巻末の**付図1〜9**に，主な冷媒の $p\text{-}h$ 線図を掲載した．

4.3.2　飽和圧力，沸点，臨界温度

単一成分冷媒は温度・圧力一定で蒸発・凝縮する．飽和液から飽和蒸気への変化を蒸発といい，逆に飽和蒸気から飽和液への変化を凝縮という．このとき，温度および圧力は一対一の対応関係にある．たとえば，温度が上昇すると蒸発・凝縮する圧力も上昇する．同様に，圧力が上昇すると蒸発・凝縮する温度も上昇する．ある温度において蒸発・凝縮する圧力を飽和圧力，また，ある圧

力において蒸発・凝縮する温度を飽和温度とよぶ．単一成分冷媒の飽和圧力は，温度にのみ依存し，温度の上昇にともない上昇する．また，その飽和温度は，圧力のみに依存し，圧力の上昇にともない上昇する．

図4.1 に，種々の冷媒の飽和圧力と温度の関係を示す．一般に，単一成分冷媒の飽和圧力は温度の上昇にともない指数関数的に上昇する．同図中，非共沸混合冷媒 R 410A については，沸点圧力および露点圧力が描かれているが，両者の差が小さいため，両者は一本の曲線のように見えている．

表4.2 に，主な冷媒の**標準沸点**，**臨界温度**，**飽和圧力**を示す．圧力がちょうど標準大気圧（101.325 kPa）であるときの飽和温度を標準沸点（単に沸点とよぶこともある）という．標準沸点は冷媒の種類によって異なる．冷凍装置の蒸発器圧力は大気圧に近いので，標準沸点は冷凍装置における冷媒の蒸発温度の目安となり，目標の低温を得るのに適した冷媒を選択する際の重要な指標となる．同じ温度で比べると，標準沸点の低い冷媒は，標準沸点の高い冷媒よりも高い飽和圧力をもつという傾向がある．

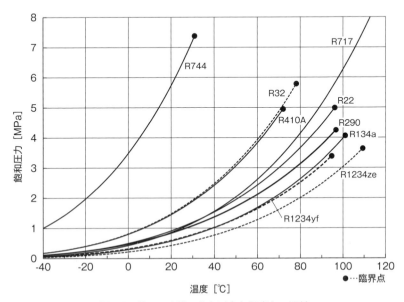

図4.1 種々の冷媒の飽和圧力と温度との関係

表4.2 冷媒の標準沸点，臨界温度，飽和圧力

冷媒	標準沸点（℃）(沸点/露点)	臨界温度（℃）	飽和圧力（MPa）(沸点/露点)		
			−30℃	10℃	45℃
R 22	−40.81	96.15	0.164	0.681	1.730
R 32	−51.65	78.11	0.273	1.107	2.795
R 134 a	−26.07	100.93	0.084	0.415	1.160
R 410 A	(−51.46 / −51.37)	71.41	(0.270 / 0.269)	(1.087 / 1.084)	(2.726 / 2.719)
R 1234 yf	−29.39	94.7	0.099	0.439	1.156
R 1234 ze	−18.96	109.36	0.061	0.308	0.876
R 290（プロパン）	−42.13	96.668	0.168	0.637	1.534
R 717（アンモニア）	−33.33	132.25	0.119	0.615	1.783
R 744（二酸化炭素）	−78.45	30.97	1.428	4.502	−

臨界点は気体と液体の区別がなくなる状態点である．この臨界点は飽和圧力曲線の終点として表される．臨界点における温度および圧力を，それぞれ臨界温度および臨界圧力という．臨界温度または臨界圧力以上の範囲では，冷媒の蒸発や凝縮は生じない．したがって，冷凍装置は，通常，臨界温度・臨界圧力以下の範囲で作動する．なお，R 744（二酸化炭素）を用いた冷凍装置では，高圧側の冷媒を通常の冷却空気や冷却水で冷却しても臨界温度（30.97℃以上）となり凝縮せず，**超臨界サイクル**となる．

表4.3に，種々の冷媒の主な用途を示す．毒性や燃焼性などの安全性，熱力学性質やサイクル特性はもちろんのこと，成層圏オゾン・地球温暖化への影響なども考慮した総合的な観点から，各冷凍・空調装置の目的を実現するのに適した冷媒が選択，使用される．

4.3.3 サイクル特性
表4.4に，主な冷媒の理論冷凍サイクル特性を示す．過冷却度0Kおよび過

表 4.3 冷媒の主な用途

冷　媒	主な用途
R 22	家庭用・業務用エアコン，冷凍・冷蔵
R 32	家庭用・業務用エアコン
R 134 a	カーエアコン，家庭用冷蔵庫，大形空調機，海上コンテナ，チラー
R 410 A	家庭用・業務用エアコン，チラー
R 1234 yf	カーエアコン
R 1234 ze	チラー
R 290（プロパン）	冷凍・冷蔵，家庭用冷蔵庫，ショーケース
R 717（アンモニア）	製氷，冷凍・冷蔵
R 744（二酸化炭素）	給湯，冷凍・冷蔵，ショーケース

熱度 0 K とし，二つの温度条件（凝縮温度/蒸発温度：45 ℃/10 ℃，45 ℃/−30 ℃）の場合について，それぞれ，**理論成績係数，体積能力，圧縮機吐出しガス温度**などの計算結果が与えられている．

　理論成績係数は，同表中の冷凍効果を理論圧縮仕事で除した値である．凝縮温度／蒸発温度が同じ条件下で，理論成績係数は冷媒の種類によって明らかに異なる．したがって，実現しようとする蒸発温度（低温）が同じならば，より大きな理論成績係数となるような冷媒を使用することが望ましい．一方，同一の冷媒について，凝縮温度 45 ℃一定のまま，蒸発温度が 10 ℃から −30 ℃まで低くなると，理論成績係数は冷媒の種類によらずおよそ 6 から 2 まで著しく小さくなる．この成績係数の低下は冷凍サイクルの原理として避けがたく，より低い低温を実現するためにはより多くの仕事（動力）が必要とされることを意味する．

　体積能力は，圧縮機の単位吸込み体積当たりの冷凍能力である．**表 4.4** 中では，冷凍効果を圧縮機吸込み蒸気比体積で除した値に相当する．体積能力は冷媒の種類によって異なる．R 32 は他の冷媒と比べてより大きな体積能力の値をもつ．体積能力の小さい冷媒の場合には，同一の冷凍能力を得るために，体積能力の大きな冷媒の場合と比較して，ピストン押しのけ量のより大きな圧縮

表 4.4 冷媒の理論冷凍サイクル特性 (過冷却度 0 K, 過熱度 0 K)

	R 22	R 32	R 134 a	R 410 A	R 1234 yf	R 1234 ze	R 290	R 717
(凝縮温度 45 ℃ 蒸発温度 10 ℃)								
凝縮圧力 [MPa]	1.730	2.795	1.160	2.719	1.156	0.876	1.534	1.783
蒸発圧力 [MPa]	0.681	1.107	0.415	1.084	0.439	0.308	0.637	0.615
圧縮機吸込み蒸気比体積 [m³/kg]	0.034 62	0.033 08	0.049 44	0.023 96	0.041 02	0.060 72	0.072 46	0.205 43
圧縮機吐出し出しガス温度 [℃]	60	70	49	60	45	45	48	88
体積能力 [kJ/m³]	4 391	6 965	2 840	6 215	2 606	2 120	3 630	5 145
冷凍効果 [kJ/kg]	152.0	230.4	140.4	148.9	106.9	128.7	263.0	1 057
理論圧縮仕事 [kJ/kg]	22.96	36.40	21.32	24.59	17.16	19.60	40.86	151.5
理論成績係数 [−]	6.62	6.33	6.59	6.06	6.23	6.57	6.44	6.98
(凝縮温度 45 ℃ 蒸発温度 −30 ℃)								
凝縮圧力 [MPa]	1.730	2.795	1.160	2.719	1.156	0.876	1.534	1.783
蒸発圧力 [MPa]	0.164	0.273	0.084 4	0.269	0.098 6	0.061 1	0.168	0.119
圧縮機吸込み蒸気比体積 [m³/kg]	0.135 24	0.130 91	0.225 94	0.094 98	0.171 12	0.281 66	0.258 58	0.963 95
圧縮機吐出し出しガス温度 [℃]	85	114	57	81	45	46	56	175
体積能力 [kJ/m³]	1 009	1 681	515	1 416	470	360	842	1 046
冷凍効果 [kJ/kg]	136.5	220.0	116.4	134.5	80.48	101.5	217.7	1 008
理論圧縮仕事 [kJ/kg]	61.20	103.2	54.9	67.55	43.34	49.29	104.6	429.8
理論成績係数 [−]	2.23	2.13	2.12	1.99	1.86	2.06	2.08	2.35

(注) 非共沸混合冷媒 R 410A の場合、凝縮温度 = (凝縮圧力における露点温度 + 凝縮圧力における沸点温度) /2、蒸発温度 = (蒸発器入口温度における飽和温度 + 蒸発圧力における露点温度) /2 とした。

50

機を使用する必要がある.

　圧縮機吐出しガス温度は, 冷凍サイクルにおける最高温度に相当する. アンモニア冷媒は他のフルオロカーボン冷媒と比べると, かなり高い圧縮機吐出しガス温度となる. 圧縮機吐出しガス温度が高過ぎると, 冷媒の熱分解, 冷凍機油の劣化, パッキン材料の損傷などの不具合の原因となる.

4.4　冷媒の一般的性質

4.4.1　毒性および燃焼性

表4.5に主な冷媒の**毒性と燃焼性**を示す. 毒性が弱くかつ燃焼性も低い, 安全な冷媒が望ましい.

表4.5　冷媒の毒性と燃焼性

冷媒	毒性	燃焼性
R 22	弱	不燃
R 32	弱	微燃
R 134a	弱	不燃
R 410A	弱	不燃
R 1234yf	弱	微燃
R 1234ze	弱	微燃
R 290 (プロパン)	弱	強燃
R 717 (アンモニア)	強	可燃
R 744 (二酸化炭素)	弱	不燃

　フルオロカーボン冷媒の毒性は一般に弱い. フルオロカーボン冷媒の中で, HCFC冷媒のR 22, HFC冷媒のR 134 a, R 410 Aは不燃性であるが, HFC冷媒のR 32, HFO冷媒のR 1234 yfやR 1234 zeは微燃性を有する. 冷凍保安規則により, R 717 (アンモニア) は, 毒性ガスおよび可燃性ガスの両方に指定されており, **R 32, R 1234 yfやR 1234 zeは特定不活性ガス**に指定されている. R 290(プロパン)は引火性や爆発性を有する強燃性の冷媒である. したがって, その使用には冷媒充填 (填) 量の制限, 不燃性冷媒の添加・混合など, 引火性

や爆発性を抑制する十分な対策が必要となる.

フルオロカーボン冷媒は一般に毒性の弱い安全性の高い冷媒であるが,漏えいした冷媒ガスを少量でも含む空気を長時間,吸引することは避けるべきである.また,多量のフルオロカーボン冷媒ガスが漏れた場合,空気中の酸素濃度の低下,すなわち酸素欠乏による致命的な事故を引き起こす可能性があることを忘れてはならない.

4.4.2 化学的安定性

冷媒は化学的に安定であることが望まれる.冷凍装置内では,冷媒は冷凍機油,微量の水,金属と共存する.これらと共存状態にある冷媒は,冷媒単独で存在する場合よりも**化学的安定性**は低くなる.これらと共存状態のもとで高温にさらされると,フルオロカーボン冷媒は熱分解,冷凍機油は劣化が進みやすくなる.これにより,金属の腐食,電動機巻線絶縁材の破壊による密閉圧縮機の電気絶縁不良,圧縮機の潤滑不良などの故障を引き起こすことがある.フルオロカーボン冷媒では,高温による熱分解を防止・抑制するため,通常,**圧縮機吐出しガス温度は 120～130 ℃を超えない**ように制御・運転される.

フルオロカーボン冷媒単独では,およそ 300 ℃を超えると熱分解が始まるといわれている.フルオロカーボン冷媒が火炎や高温にさらされると熱分解や化学反応を起こして有毒ガスを発生させることがあるので,火気や高温にはとくに注意しなければならない.

4.4.3 電気的性質

密閉圧縮機を使用する冷凍装置では,電動機が冷媒循環系統内に存在するので,使用する冷媒は良好な**電気絶縁性**をもたねばならない.一般に,フルオロカーボン冷媒の電気抵抗は大きく,良好な電気絶縁性を有する.ただし,HFC冷媒は,HCFC 冷媒と比べると誘電率が大きく,その電気絶縁性がやや劣るので,圧縮機からの漏れ電流には注意を要する.

4.4.4 フルオロカーボン冷媒の特徴

フルオロカーボン冷媒は,安全性,化学的安定性に優れている.**フルオロカーボン冷媒単独では,熱交換器や配管に使用される鋼,銅および銅合金など,ほとんどの金属を腐食しない.ただし,2%を超えるマグネシウムを含有するアルミウム合金に対しては腐食性がある**ため,冷凍保安規則関係例示基準により,使用してはならないことになっている.

表4.6に,冷媒および**冷凍機油**の密度と比重を示す.**フルオロカーボン冷媒液は,冷凍機油よりも重い**.したがって,運転停止中の圧縮機内では,冷媒が高濃度な液相の上に冷凍機油が高濃度な液相が形成される.また,**フルオロカーボン冷媒ガスは空気より重い**ので,室内に漏えいした冷媒ガスは床面付近に滞留しやすい.

フルオロカーボン冷媒液はごくわずかな量の水を溶け込ませる.冷凍装置内に侵入した水分はごくわずかにフルオロカーボン冷媒液に溶けるが,解け切れない水分は,微小な水の粒となってフルオロカーボン冷媒液の上に浮く.この溶け込まずに浮いた水を遊離水分と呼ぶ.遊離水分は冷媒とともに冷凍・空調装置内を循環し,氷点以下の温度の箇所で凍り,これが膨張弁を詰まらせ,冷媒の流れをせき止める原因になることがある.

フルオロカーボン冷媒が水と共存していると,高温になると加水分解して酸性の化合物を形成し,金属を腐食させることがある.したがって,冷凍装置内への水分の侵入はできるだけ避けなければならない.

圧縮機の潤滑に使用される冷凍機油には,その潤滑性能ばかりでなく,冷凍機油の圧縮機への戻りを考慮して,冷媒液とよく溶け合うものが選定される.HCFC冷媒のR 22には**鉱油**(ナフテン系),HFC冷媒のR 32,R 134 a,R 410 Aには相溶性のある**合成油**(ポリアルキレングリコール(PAG)油またはポリオールエステル(POE)油),さらにHFO冷媒のR 1234 yfやR 1234 zeにはHFC冷媒同様,PAG油またはPOE油などが,冷媒と冷凍機油の代表的な組み合わせの例である.

フルオロカーボン冷媒は無臭である.したがって,漏えいの検出には,炎色

表 4.6 冷媒および冷凍機油の密度と比重

冷媒	飽和液（0℃）		ガス（101kPa, 20℃）		冷凍機油（101kPa, 15℃）	
	密度 (kg/m³)	比重 (－)	密度 (kg/m³)	空気に対する比重 (－)	密度 (kg/m³)	比重 (－)
R 22	1 282	1.28	3.651	3.04	820〜930	0.82〜0.93
R 32	1 055	1.06	2.192	1.83		
R 134a	1 295	1.30	4.336	3.61		
R 410A	1 171	1.17	3.060	2.55		
R 1234yf	1 176	1.18	4.854	4.04		
R1234ze	1 240	1.24	4.864	4.05		
R 290（プロパン）	528.7	0.53	1.865	1.55		
R 717（アンモニア）	638.5	0.64	0.716 5	0.60		
R 744（二酸化炭素）	927.6	0.93	1.839	1.53		

比重は，101 kPa，3.98 ℃における水の最大密度（999.97 kg/m³）に対する比の値
空気に対する比重は，101 kPa，20℃における空気の密度（1.201 kg/m³）に対する比の値

反応を利用するハライドトーチ式ガス検知器，高感度に測定できる電気式検知器などが使われる．だだし，電気式検知器は検知できる冷媒の種類があらかじめ決められている．発泡液を漏えい可能箇所に塗布して発砲の有無で確認する方法も採用される．

4.4.5 アンモニア冷媒の特徴

表 4.6 に示したように，0℃のアンモニア飽和液の比重（0.64）は冷凍機油の比重（0.82〜0.93）より小さい．一般に，**アンモニア液は冷凍機油より軽い**．一方，アンモニアガスは空気に対する比重が0.60（20℃）である．これより，**アンモニアガスは空気より軽い**ことがわかる．したがって，室内に漏えいしたアンモニアガスは天井付近に滞留する傾向がある．

アンモニアは鋼に対して腐食性はないが，銅および銅合金に対して腐食性がある．したがって，銅管や黄銅製部品はアンモニア冷凍装置に使用できない．ただし，圧縮機の青銅製軸受はそれが常に冷凍機油に覆われている状態であれ

ば使用できる．アンモニア冷凍装置の熱交換器や配管には鋼管や鋼板が用いられる．

アンモニアは水とよく溶け合い，アンモニア水溶液（アンモニア水）となる．したがって，アンモニア冷凍装置内に誤って侵入した水分は微量であれば支障はないが，大量の水分の侵入は冷凍能力の低下をもたらす．通常，アンモニア圧縮機の吐出しガス温度は高いので，冷凍機油の変質・劣化が起こりやすい．

アンモニアには鉱油（ナフテン系またはアルキルベンゼン系）が冷凍機油として使われているが，これらの**冷凍機油（鉱油）とアンモニア液とは互いによく溶け合わず分離する**．冷凍機油（鉱油）はアンモニア液より重いので，圧縮機からアンモニアとともに運び出された冷凍機油は冷凍装置内の受液器などの底部に溜まる．このため，冷凍機油の油抜き・油戻しは受液器などの底部から行われる．

アンモニアはその独特な臭気によって漏えいを知ることができるが，その漏えい検知には，アンモニアの濃度を電気的に測定する専用の電気式検知器が使用されている．

4.5　ブライン

一般に，凍結点が０℃以下の液体で，その顕熱を利用して被冷却物を冷却する熱媒体を**ブライン**とよぶ．ブラインとは本来「塩水」の意味をもつ．ブラインは二次冷媒ともよばれる．

ブラインは**無機ブライン**と**有機ブライン**に大別される．無機ブラインには，**塩化カルシウムブライン**（塩化カルシウム水溶液）および**塩化ナトリウムブライン**（塩化ナトリウム水溶液，食塩水）などがある．塩化カルシウムブラインは，製氷，冷凍，冷蔵および一般工業用として古くから広く用いられている．食品に直接接触する場合には，塩化ナトリウムブラインが使われる．これらの無機ブラインは金属に対する腐食性が強いので，腐食抑制剤を添加して用いられる．無機ブラインは空気に触れると空気中の酸素が溶け込み金属の腐食を促進する．腐食抑制のため，ブラインは空気と接しないようにする．弁や管継手

などからのブラインの漏れがあると，その付近の腐食が起こるので注意が必要である．

図4.2に，塩化カルシウムブラインの凍結点と濃度の関係を示す．塩化カルシウムブラインの凍結温度は塩化カルシウム濃度の増加に伴い低下し，最低の**凍結温度（共晶点）**は濃度30mass％で生じ−55℃であり，ブラインとしての実用温度は−40℃くらいまでである．また，塩化ナトリウムブラインの最低の凍結温度は−21℃，実用温度範囲は−15℃までである．

二酸化炭素は，自然冷媒に分類

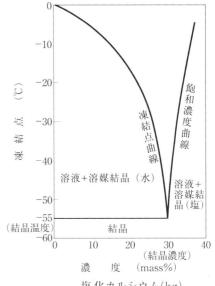

$$濃度(mass\%) = \frac{塩化カルシウム(kg)}{溶液(kg)} \times 100$$

図4.2 塩化カルシウムブラインの凍結点と濃度との関係

されるが，アンモニア冷凍機などと組み合わせた冷凍・冷却装置の二次冷媒としても使われている．二次サイクルにおいて送液され顕熱のみを利用する塩化カルシウムブラインや塩化ナトリウムブラインとは異なり，二酸化炭素を二次冷媒として使用するシステムは，二次サイクルにおいて圧縮機を必要とせず，重力による自然循環または送液ポンプによる循環により，顕熱と潜熱の両方を利用して効率のよい冷凍・冷却を行うことができる．

有機ブラインには，**エチレングリコールブライン**（エチレングリコール水溶液）や**プロピレングリコールブライン**（プロピレングリコール水溶液）などがある．腐食抑制剤を添加した有機ブラインは，無機ブラインと異なり，金属を腐食しない．エチレングリコールブラインおよびプロピレングリコールブラインの最低の凍結温度はともに濃度60mass％で生じ−50℃である．これらの有機ブラインの実用温度範囲は−30℃までである．プロピレングリコールは

毒性をほとんどもたないので，食品，飲料，医薬品，化粧品などの製造工程における冷却用ブラインとして利用されている．

第5章　熱の移動

5.1　熱の移動

第1章で簡単に述べたように，冷媒から，あるいは冷媒への伝熱をよくすることは，装置を小形化したり，成績係数を向上させる上で非常に重要である．逆に，周囲からの低温部への熱の侵入を防止することも，冷凍負荷軽減の上で大切である．

よく知られているように，**熱の移動には熱伝導，対流熱伝達，熱放射（熱ふく射）の三つの形態がある**が，このうちの熱放射については本書の技術分野にはあまり関係がないので，ここでは省略する．

5.1.1　熱伝導による熱の移動

熱伝導とは，物体内を高温端から低温端に向かって，熱が移動する現象である．**図5.1**に示すように熱が矢印方向のみ流れる場合（一次元），定常状態では物体内の温度分布は図に示すような直線となる．この場合の**伝熱量** $\Phi(\mathrm{kW})$ は，熱の流れに垂直な面の物体の断面積 $A(\mathrm{m}^2)$，高温端と低温端との間の温度差 $\Delta t = t_1 - t_2 (\mathrm{K})$ に比例し，熱移動の距離 $\delta(\mathrm{m})$ に反比例するので，次式で表わされる．

$$\Phi = \lambda A \frac{\Delta t}{\delta} \quad (\mathrm{kW}) \cdots\cdots\cdots (5.1)$$

ここで，比例係数の $\lambda [\mathrm{kW/(m \cdot K)}]$ は，物体内の熱の流れやすさを表し，**熱伝導率**と呼ばれている．

表5.1には，冷凍の分野に関係する主な物

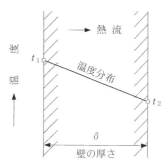

図5.1　定常熱伝導時の物体内温度分布

表5.1 熱伝導率

物　質	熱伝導率 λ[W/(m·K)]
鉄　鋼	35～58
銅	370
アルミニウム	230

壁防熱材料		熱伝導率 λ[W/(m·K)]
	木材	0.09～0.15
	鉄筋コンクリート	0.8～1.4
	炭化コルク板	0.035～0.052
	ポリウレタンフォーム	0.023～0.035
	スチロフォーム	0.035～0.041
	グラスウール	0.035～0.046

空　気	0.023
水	0.59
氷	2.2
R 134a（0℃飽和液）	0.093
R 134a（0℃飽和蒸気）	0.012

管付着物		
	水あか	0.93
	油膜	0.14
	雪層（新しいもの）	0.10
	雪層（古いもの）	0.49

質の熱伝導率 λ の値を示した．λ は物質固有の値である．

式（5.1）を書きかえて，

$$\Phi = \frac{\Delta t}{\dfrac{\delta}{\lambda A}} \quad \text{(kW)} \cdots\cdots\cdots\cdots\cdots\cdots\cdots\cdots\cdots\cdots\cdots\cdots \text{(5.2)}$$

で表すと，$\delta/(\lambda A)$[K/kW] は，熱が物体内を流れるときの流れにくさを表し，これを**熱伝導抵抗**と呼んでいる．

5.1.2　対流熱伝達による熱移動

固体壁表面とそれに接して流動する流体との間の**伝熱作用**を**対流熱伝達**といい，流体の流れがポンプや送風機などによる場合を**強制対流熱伝達**，流体自身の浮力による場合を**自然対流熱伝達**という．固体壁表面の温度を t_w(℃)，固体

壁から十分に離れた位置の流体の温度を t_f(℃) とし，それらの温度の関係が $(t_w > t_f)$ のとき，熱は固体壁表面から流体内へ流れる．このときの流体内の温度分布は，**図 5.2** に示すように固体壁面近くで急変する．この領域を温度境界層といい，境界層内の温度分布は，流体の種類や流れの状態によって異なり，伝熱量はその形状に著しく影響される．

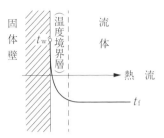

図5.2 熱伝達における固体壁近くの流体内温度分布

固体壁表面からの熱伝達による**伝熱量** Φ(kW) は，伝熱面積 A(m²) と**温度差** $\Delta t = t_w - t_f$(K) を用いて次式のように表せる．

$$\Phi = \alpha(t_w - t_f)A = \alpha \Delta t A \quad \text{(kW)} \cdots\cdots\cdots\cdots\cdots\cdots (5.3)$$

ここで，比例係数 α[kW/(m²·K)] は熱の伝わりやすさを表し，これを**熱伝達率**という．熱伝達率の値は，固体壁面の形状，流体の種類，流速などの流れの状態などによって異なる．

式 (5.3) を式 (5.2) のように書きかえて，

$$\Phi = \frac{\Delta t}{\dfrac{1}{\alpha A}} \quad \text{(kW)} \cdots\cdots\cdots\cdots\cdots\cdots\cdots\cdots (5.4)$$

表 5.2 熱伝達率

流体の種類とその状態		熱伝達率 α[kW/(m²·K)]
気 体	自 然 対 流	0.005 ～ 0.012
	強 制 対 流	0.012 ～ 0.12
液 体	自 然 対 流	0.08 ～ 0.35
	強 制 対 流	0.35 ～ 12.0
蒸 発	アンモニア	3.5 ～ 5.8
	R 22	1.7 ～ 4.0
凝 縮	アンモニア	5.8 ～ 8.1
	R 22	2.9 ～ 3.5

と表わすと，$1/(\alpha A)$ [K/kW] は，熱が固体表面から流体に伝わるときの熱の伝わりにくさを表わし，これを**熱伝達抵抗**という．

ここに述べた，流体と固体壁との間で熱が伝わる際の熱伝達率 α の大きさは，流体の種類と状態，流速によってかなり変わり，表 5.2 にそれらの概略値を示す．

5.2　固体壁を隔てた2流体間の熱交換

5.2.1　熱通過率

冷蔵庫壁を通した庫外からの熱侵入，蒸発管壁を通した空気から管内冷媒への熱移動などのように，流体Ⅰ（温度 t_1）から固体壁で隔てられた流体Ⅱ（温度 t_2）に熱が移動する場合に，定常状態では図5.1と図5.2からわかるように，図5.3のような温度分布となる．

流体Ⅰと固体壁左側表面との温度差を Δt_1，固体壁両表面間の温度差を Δt_2，固体壁右側表面と流体Ⅱとの温度差を Δt_3，流体Ⅰと流体Ⅱの間の温度差を $\Delta t = t_1 - t_2$ (K)，伝熱面積はいずれも A (m²) とする．この際の流体Ⅰとの間の伝熱量 Φ (kW) は，Δt が大きくなるほど増加し，

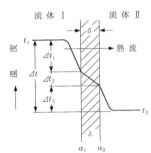

図 5.3　固体壁を隔てた流体間の定常伝熱時の温度分布

$$\Phi = KA\Delta t \quad (\text{kW}) \quad \cdots\cdots\cdots\cdots (5.5)$$

と表わされる．ここに，

$$\Delta t = \Delta t_1 + \Delta t_2 + \Delta t_3 \quad (\text{K})$$

である．式 (5.5) の比例係数 K [kW/(m²·K)] は，固体壁を隔てた2流体間の熱が流れるときの通り抜けやすさを表し，**熱通過率**と呼ばれている．

この式 (5.5) を書きかえて，

$$\Phi = \frac{\Delta t}{\dfrac{1}{KA}} \quad (\text{kW}) \quad \cdots\cdots\cdots\cdots (5.6)$$

と表すと，$1/(KA)$ [K/kW] は，固体壁を隔てた2流体間を熱が流れるときの通り抜けにくさを表し，これを流体Ⅰ，Ⅱ間の**熱通過抵抗**と呼んでいる．

また，この熱通過抵抗は，固体壁の熱伝導抵抗（式（5.2）右辺の分母）と流体Ⅰ側および流体Ⅱ側固体壁面とそれぞれの流体との間の熱伝達抵抗（式（5.4）右辺の分母）の総和である．すなわち，

$$\frac{1}{KA} = \frac{1}{\alpha_1 A} + \frac{\delta}{\lambda A} + \frac{1}{\alpha_2 A} \quad \text{(K/kW)} \quad \cdots\cdots\cdots\cdots\cdots\cdots (5.7)$$

ここで，α_1 は流体Ⅰ側，また α_2 は流体Ⅱ側のそれぞれの熱伝達率である．式（5.7）の各項の伝熱面積 A を消去すると，

$$\frac{1}{K} = \frac{1}{\alpha_1} + \frac{\delta}{\lambda} + \frac{1}{\alpha_2} \quad \text{(m}^2\text{·K/kW)} \quad \cdots\cdots\cdots\cdots\cdots\cdots (5.8)$$

となる．したがって，熱通過率 K の値は，熱伝達率の α_1 と α_2，固体壁の熱伝導率 λ と固体壁の厚さ δ の値が与えられれば，式（5.8）から算出できる．

5.2.2 平均温度差

冷蔵倉庫の防熱壁を通って熱が外部から庫内に侵入するような場合には，式（5.5）の温度差 Δt は場所によって変わらない値として計算できる．

しかし，冷却管内を流れる水を冷媒の蒸発で冷却したり，凝縮器冷却管内を流れる冷却水で冷媒蒸気を凝縮させたりする場合には，水の温度は流れの方向に向かって次第に変化する．このため，水と冷媒との間の温度差は，流れの方向の場所によって変わり，式（5.5）をそのまま使用して，交換熱量を求められない．

図5.4は，水冷却器内において，蒸発している冷媒液に浸された冷却管内を流れる冷水温度分布の例を示したものである．

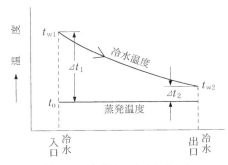

図5.4　冷却管内の冷水温度分布

冷媒と水との間の温度差が流れ方向の場所によって変わるので,伝熱量も場所によって変化する.このような場合,交換熱量 Φ(kW) を求めるには式(5.5)中の Δt として,水と冷媒との間の平均温度差を使用すればよい.これらの変化を考慮し,求めた平均温度差を対数平均温度差 Δt_{lm}(K) といい,次式で表わされる.

$$\Delta t_{lm} = \frac{\Delta t_1 - \Delta t_2}{ln\dfrac{\Delta t_1}{\Delta t_2}} \quad (K) \quad \cdots\cdots (5.9)$$

ここで, Δt_1 は入口側温度差 $(t_{w1} - t_o)$, Δt_2 は出口側温度差 $(t_{w2} - t_o)$ である.

Δt_1 と Δt_2 とにあまり大きな差がない場合には,対数平均温度差の近似値として,次式で表わされる**算術平均温度差** Δt_m が使われている.

$$\Delta t_m = \frac{\Delta t_1 + \Delta t_2}{2} = \frac{t_{w1} + t_{w2}}{2} - t_o \quad (K) \quad \cdots\cdots (5.10)$$

ここで t_{w1} は入口水温, t_{w2} は出口水温, t_o は冷媒蒸発温度である.

冷凍装置に使われている蒸発器や凝縮器では,この算術平均温度差 Δt_m を用いても, $\Delta t_1 / \Delta t_2$ が2程度までであれば,**図5.5** に示すようにその対数平均温度差を用いた場合との差は数%程度と小さい.したがって,熱交換器の伝熱量の概算では,算術平均温度差 Δt_m を用いることもある.

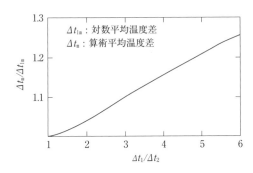

図5.5　$\Delta t_m / \Delta t_{lm}$ と $\Delta t_1 / \Delta t_2$ の関係

(**例題 5.1**) 厚さ $\delta=300$ mm,熱伝導率 $\lambda=0.035$ W/(m·K) のグラスウール
で防熱された冷蔵倉庫の防熱壁において,外面の熱伝達率 $\alpha_1=23.2$ W/(m²·K),
内面の熱伝達率 $\alpha_2=9.3$ W/(m²·K) である.この防熱壁の熱通過率 K はいくら
か.

(**解**) 式 (5.8) により

$$\frac{1}{K}=\frac{1}{\alpha_1}+\frac{\delta}{\lambda}+\frac{1}{\alpha_2}=\frac{1}{23.2}+\frac{300\times0.001}{0.035}+\frac{1}{9.3}$$

$$=0.043\,1+8.57+0.108=8.72$$

$$K=0.115\ \text{W/(m²·K)}$$

(**例題 5.2**) 上記の問題で,外気温 30 ℃,庫内温度 −30 ℃のとき,防熱壁面
1 m² 当たりの侵入熱量 (W/m²) はいくらか.

(**解**) 式 (5.5) より,

$$\frac{\Phi}{A}=\frac{KA\Delta t}{A}=K\Delta t=0.115\times60=6.90\ \text{W/m²}$$

(**例題 5.3**) 伝熱面積 $A=12$ m²,熱通過率 $K=0.698$ kW/(m²·K) の水冷却器
があり,冷水の流量 $q_v=2$ L/s のとき,入口水温 $t_{w1}=12$ ℃,出口水温 $t_{w2}=7$ ℃
であった.冷媒蒸発温度 t_o(℃)はいくらと推定されるか.ただし,冷媒と冷却
水との平均温度差には算術平均温度差を用いて計算せよ.

(**解**) 水の比熱 $c_w=4.19$ kJ/(kg·K),冷水流量 q_{mw}(kg/s)は,水 1 L(リット
ル)がおよそ 1 kg であるから

$$q_{mw}=2\ \text{kg/s}$$

水冷却器の運転条件から,冷却能力は

$$\Phi=q_{mw}c_w(t_{w1}-t_{w2})=2\times4.19\times(12-7)=41.9\ \text{kW}$$

また,この冷却能力 Φ は,熱通過率 K,伝熱面積 A および算術平均温度差
Δt_m を用いて表すと,

$$\Phi=KA\Delta t_m$$

64

であるから，算術平均温度差 Δt_m は

$$\Delta t_m = \frac{\Phi}{KA} = \frac{41.9}{0.698 \times 12} = 5 \text{ K}$$

そこで，式（5.10）から，蒸発温度 t_o は

$$t_o = \frac{t_{w1} + t_{w2}}{2} - \Delta t_m = \frac{12 + 7}{2} - 5 = 4.5 \text{ ℃}$$

となる．

第6章 凝縮器

6.1 凝縮器の種類と凝縮負荷

6.1.1 凝縮器の種類

凝縮器の冷却媒体は水または空気が利用されるが，その利用形態により空冷式，水冷式，蒸発式の3つの形式に分類される．

主な凝縮器の種類，形式及び用途を，**表6.1**に示す．

表6.1 凝縮器の形式、種類と主な用途

形式	種類	主な用途（装置）
水冷式	シェルアンドチューブ ブレージングプレート 二重管	空調 冷凍・冷蔵 液体冷却（水/ブライン冷却）
空冷式	プレートフィンチューブ	空調 冷凍・冷蔵 液体冷却（水/ブライン冷却）
蒸発式	プレートフィンチューブ	冷凍・冷蔵

6.1.2 冷凍装置の凝縮負荷

凝縮器において，冷媒から熱を取り出して凝縮させるとき，取り出さなければならない熱量を**凝縮負荷**という．

理論凝縮負荷 Φ_k (kW) は，冷凍能力 Φ_o (kW) に理論断熱圧縮動力 P_{th} (kW)を加えて求めることができる．

$$\Phi_k = \Phi_o + P_{th} \cdots\cdots\cdots\cdots\cdots\cdots\cdots\cdots\cdots\cdots\cdots\cdots\cdots\cdots (6.1)$$

図6.1に，実際の凝縮負荷 Φ_k と冷凍能力 Φ_o との比 (Φ_k/Φ_o) を示す．冷凍・冷蔵装置など蒸発温度が低いときは，この比は1.3～1.5程度，空調装置のよう

に蒸発温度が高いときは1.1〜1.2程度になる．

6.2 水冷凝縮器

6.2.1 水冷凝縮器の構造

冷却水で凝縮負荷を取り出す凝縮器を**水冷凝縮器**といい，これには**シェルアンドチューブ凝縮器**（図6.2），**二重管（ダブルチューブ）凝縮器**（図6.3），**ブレージングプレート凝縮器**（図6.4）などがある．

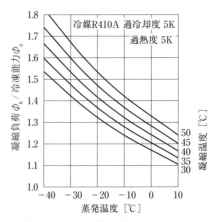

図6.1 実際の凝縮負荷と冷凍能力の比

シェルアンドチューブ凝縮器は，鋼板製または鋼管製の**円筒胴（シェル）**と**管板（チューブプレート）**に**固定された冷却管（チューブ）**とが主要部分であり，円筒胴内の冷却管外を圧縮機吐出しガスが流れ，冷却管の中を冷却水が通

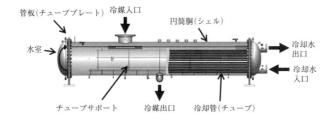

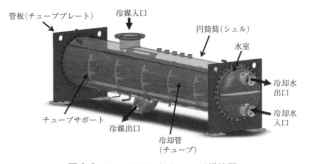

図6.2 シェルアンドチューブ凝縮器

る．管板と冷却管は，通常チューブエキスパンダで拡管あるいは溶接により固定され，気密を保つ．

冷媒は，冷却管で冷却されて管の外表面で凝縮し，凝縮した液は凝縮器の底部に溜まり，冷媒出口から受液器または膨張弁に向かって送り出される．冷却水は，一般に水室の下部の冷却水入口から入り，上部の冷却水出口から出るまでに，冷却管を順次に何回か往復する．**往復の回数の2倍をパス数**で表し，2回往復すると4パスという．同じ冷却管本数と冷却水量の場合で，パス数を増すと冷却管内の水速が大きくなる．冷却管の熱交換を行う部分の長さを冷却管の有効長さという．通常，**シェルアンドチューブ凝縮器の伝熱面積**は，冷媒に接する**冷却管全体の外表面積**の合計をいう．

受液器兼用凝縮器では，凝縮器出口の冷媒液を過冷却するために，凝縮器の底部に溜められた冷媒液中に一部の冷却管を配置して，**冷媒液を過冷却**する．

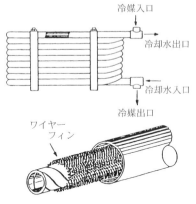

図6.3 二重管凝縮器

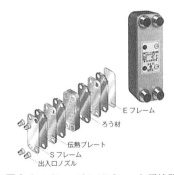

図6.4 ブレージングプレート凝縮器

シェルアンドチューブ凝縮器には，冷媒と冷却水の出入口のほかに，必要に応じて**安全弁**または**溶栓**，**液面計**，**空気抜き弁**，**水室の排水コック**と**空気抜きコック**などを取り付ける．

二重管凝縮器は，内管内に冷却水を通し，圧縮機吐出しガスを内管と外管との間の環状部で凝縮させる．

ブレージングプレート凝縮器は，小形高性能で，他の形式に比べて，冷媒充填量が少なくてすむ．図6.4に示すように，板状のステンレス製伝熱プレート

を多数積層し，これらをブレージング（ろう付け）で密閉することによって，冷媒の耐圧・気密性能を確保している．伝熱プレートは，ステンレスの薄板に凹凸の波形のパターンをプレス加工することによって冷媒と冷却水の流れを乱し，性能を高めている．

6.2.2 水冷凝縮器の熱計算

水冷凝縮器の伝熱は，次の式で表せる．

$$\Phi_k = KA\Delta t_m \quad (\text{kW}) \quad \cdots\cdots (6.2)$$

$$\Delta t_m = t_k - \frac{t_{w1}+t_{w2}}{2} \quad (\text{K}) \quad \cdots\cdots (6.3)$$

$$\Phi_k = c_w q_{mw}(t_{w2} - t_{w1}) \quad (\text{kW}) \quad \cdots\cdots (6.4)$$

$$K = \frac{\Phi_k}{A \Delta t_m} \quad [\text{kW/(m}^2 \cdot \text{K})] \quad \cdots\cdots (6.5)$$

$$A = \frac{\Phi_k}{K \Delta t_m} \quad (\text{m}^2) \quad \cdots\cdots (6.6)$$

ここで，Φ_k：凝縮負荷（kW）
　　　　K：熱通過率 [kW/(m²·K)]
　　　　A：伝熱面積（m²）
　　　　Δt_m：算術平均温度差（K）
　　　　t_k：凝縮温度（℃）
　　　　t_{w1}：冷却水入口温度（℃）
　　　　t_{w2}：冷却水出口温度（℃）
　　　　c_w：水の比熱 [kJ/(kg·K)]
　　　　q_{mw}：冷却水量（kg/s）

熱通過率 K の値は，**図 6.5** に示す．式 (6.5) は凝縮負荷，伝熱面積および算術平均温度差から熱通過率 K を，また，式 (6.6) は凝

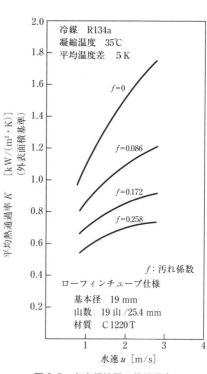

図 6.5 水冷凝縮器の熱通過率

縮負荷，熱通過率および算術平均温度差から伝熱面積 A を求めるのに使用する．

ローフィンチューブを使用したシェルアンドチューブ式水冷凝縮器の仕様の一例を，**表 6.2** に示す．

表 6.2 R 134 a 水冷シェルアンドチューブ凝縮器の計算例
冷却管：ローフィンチューブ　　汚れ係数：$f=0$

凝縮負荷	Φ_k	12 kW
冷却水入口温度	t_{w1}	32 ℃
冷却水出口温度	t_{w2}	37 ℃
凝縮温度	t_k	40 ℃
算術平均温度差	Δt_m	5.5 K
冷却水量	q_{mw}	0.573 kg/s
管内流速	u	2.0 m/s
熱通過率	K	1.5 kW/(m²·K)
伝熱面積	A	1.45 m²

（注）熱通過率に関する伝熱面積は，有効外表面積についての値である．

6.2.3　ローフィンチューブの利用

シェルアンドチューブ凝縮器の冷却管としては，冷媒がアンモニアの場合には鋼製の平滑管（裸管ともいう）を，また，フルオロカーボン冷媒の場合には**銅製のローフィンチューブ**を使うことが多い．

ローフィンチューブは，**図 6.6** のように，管の外側に細いねじ状の溝をつけ，管の有効外表面積を内表面積の 3.5〜4.2 倍（この内外面積比のことを**有効内外伝熱面積比 m** といい，$m=3.5$ のように表す）くらいに拡大させている．フルオロカーボン冷媒の管外表面における熱伝達率は，水から管内面への熱伝達

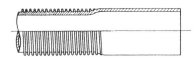

図 6.6　ローフィンチューブ

率よりもかなり小さいので，内表面積に対して外表面積の大きいローフィンチューブを使用する.

熱通過率 K の値は，有効外表面積（ローフィン側の冷媒に接する面積）を伝熱面積 $A(\mathrm{m}^2)$ の基準として表し，$K = 0.70 \sim 1.3\,\mathrm{kW/(m^2 \cdot K)}$ 程度の値である.

フルオロカーボン冷媒の場合は，高性能伝熱促進管を使うことによって，凝縮器の寸法をさらに小さくすることができるようになった.

アンモニアの場合には，フルオロカーボン冷媒よりも冷媒側熱伝達率が大きいため，ローフィンチューブは使われず，裸管が使用されている. しかし，伝熱性能向上のため鋼製のローフィンチューブも使用されるようになった.

6.2.4 冷却水の適正な水速

図 6.5 でわかるように，冷却水の冷却管内水速が速いほど，熱通過率 K の値が大きくなり伝熱の面では有利である. しかし，**水速が2倍になっても熱通過率は2倍にはならない**.

また，冷却水の水速が過大になると，管内面に腐食が起こることがあり，また，水の流れの抵抗が大きくなり，冷却水ポンプの所要動力が大きくなる. 逆に，水速が過小になると，熱通過率が下がり，凝縮温度が高くなってしまう. **適切な水速は 1〜3 m/s** である.

6.2.5 水あかの影響

冷却水中の汚れや不純物は，冷却管の内面に水あかとなって付着する. 水あかは熱伝導率が小さいので，伝熱が妨げられて，式 (6.5) の熱通過率 K の値が小さくなり，凝縮温度が上がって圧縮機の動力も増加する.

水あかの熱伝導の抵抗は**汚れ係数** $f(\mathrm{m^2 \cdot K/kW})$ で表わされ，**図 6.5** は，f の値により熱通過率 K がどのように低下するかを示したものである.

（注）汚れ係数 f と有効内外伝熱面積比 m（有効外表面積／内表面積）を使用すると，**外表面積基準の熱通過率** K は

$$\frac{1}{K}=\frac{1}{\alpha_{\mathrm{r}}}+m\left(\frac{1}{\alpha_{\mathrm{w}}}+f\right) \quad (\mathrm{m^2 \cdot K/kW})$$

のように表せる.

ここに, α_{r} は冷媒側の, α_{w} は水側の熱伝達率 $[\mathrm{kW/(m^2 \cdot K)}]$ であり, 冷却管材の熱伝導抵抗の値は, 熱伝達抵抗の値に比べて一般に小さいので省略する.

（式 (5.7) および式 (5.8) 参照）

実用上, ローフィンチューブの場合は $f=0.17\,\mathrm{m^2 \cdot K/kW}$ くらいまで使用し, それ以上になると水あかを取り除く必要がある. シェルアンドチューブ式の凝縮器では, 水あかを取り除くには, ブラシでこすり落として洗うか, あるいは薬品で溶かして洗う方法がとられる.

（例題 6.1） R134a 用の水冷凝縮器で, **図 6.5** の伝熱性能をもっているローフィンチューブを使用し,

凝縮負荷	$\varPhi_{\mathrm{k}}=70\,\mathrm{kW}$
凝縮温度	$t_{\mathrm{k}}=42\,℃$
冷却水入口温度	$t_{\mathrm{w1}}=32\,℃$
冷却水出口温度	$t_{\mathrm{w2}}=38\,℃$
冷却管内の水速	$u=2\,\mathrm{m/s}$
汚れ係数	$f=0.086\,\mathrm{m^2 \cdot K/kW}$

であるとき, この凝縮器の伝熱面積はいくらか. ただし, 冷媒と冷却水との間の温度差は, 算術平均温度差を用いて計算せよ.

（解） **図 6.5** により, 水速 $u=2\,\mathrm{m/s}$, 汚れ係数 $f=0.086\,\mathrm{m^2 \cdot K/kW}$ でのローフィンチューブの平均熱通過率は約 $K=1.1\,\mathrm{kW/(m^2 \cdot K)}$ である. また, 式(6.3)から算術平均温度差 $\varDelta t_{\mathrm{m}}$ は

$$\varDelta t_{\mathrm{m}}=t_{\mathrm{k}}-\frac{t_{\mathrm{w1}}+t_{\mathrm{w2}}}{2}=42-\frac{32+38}{2}=7\,\mathrm{K}$$

式 (6.6) から, 伝熱面積 A は

$$A=\frac{\varPhi_{\mathrm{k}}}{K\varDelta t_{\mathrm{m}}}=\frac{70}{1.1\times7}=9.1\,\mathrm{m^2}$$

である.

6.2.6 不凝縮ガスの滞留とその影響

冷凍装置内の不凝縮ガスは，主に空気である．冷媒充填前の真空ポンプによる**空気抜き**が不十分であったり，運転中に低圧部の冷媒圧力が大気圧よりも低くなって，しかも**低圧部に漏れ箇所があると**，**空気が侵入**する．通常，**受液器兼用凝縮器**（または受液器）の底部にある冷媒液出口管は冷媒液中にあるので，空気は凝縮器から流出せず，また冷媒ガスよりも比重が小さいので，**凝縮器上部に溜まる**.

凝縮器に不凝縮ガスが混入すると，冷媒側の熱伝達が不良となるため，**凝縮圧力が上昇し，この上昇分が加わって，凝縮圧力が不凝縮ガスの分圧相当分以上**に高くなる．したがって，吐出しガスの圧力と温度が上昇し，圧縮機の軸動力が大きくなり，冷凍能力と成績係数が低下する．

6.2.7 冷媒過充填の影響

冷凍装置の運転中は，蒸発器に必要とされる冷媒循環量は，膨張弁やフロート弁などによって制御されている．そこで，**装置に冷媒を必要以上に過充填**すると，余分な冷媒は受液器に溜まり液面が上昇する．また，受液器をもたない装置では，液が凝縮器に溜まり，液に浸された冷却管本数が増加すると，凝縮器の凝縮に有効に使われる伝熱面積が減少して，**凝縮圧力が上昇する**．ただし，**冷媒液の過冷却度は大きくなる**.

受液器をもたない空冷凝縮器でも，凝縮器の出口側に液が溜められるので，伝熱面積が減少し，凝縮圧力の上昇と過冷却度の増大をもたらす．

6.2.8 冷却塔とその伝熱

図6.7は，**開放形冷却塔**の構造の一例である．凝縮器から出た温度の高くなった冷却水を，散水管から充填材に散水し，ファンによりルーバを通して吸い込んだ空気と，充填材の表面で接触させると，冷却水の一部が蒸発し，その蒸発潜熱で冷却水自身が冷却されるので，凝縮器用冷却水として循環再使用される．

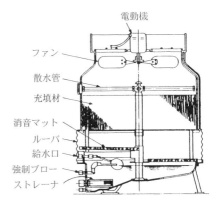

図6.7 開放形冷却塔

充填材は冷却水に濡らされ，また，その表面積が大きいので，冷却水は十分に空気と接触できる．

冷却塔の**出口水温と周囲空気の湿球温度との差をアプローチ**と呼び，その値は通常5K程度である．

冷却塔の運転性能は水温，水量，風量および湿球温度によって定まる．また，冷却塔の出入口の冷却水の温度差は，**クーリングレンジ**（単にレンジともいう）といい，この値もほぼ5Kである．

6.2.9 冷却塔の冷却水補給と水質管理

冷却塔では，冷却水の一部が常に蒸発しながら運転されるので，少なくともその蒸発分の水は補給しなければならない．このほかに，水滴として飛散する水もあり，また，大気汚染により冷却水が汚れる場合には，連続的に少量ずつ冷却水の入れ替えを行う必要がある．通常，**循環水量に対して2％前後の補給水を必要**とする．

冷却水の水質が悪いと，凝縮器の冷却管に水あかがたまったり，腐食することがある．冷却水の水質は，酸性あるいはアルカリ性のいずれかを示す**水素イオン濃度**（pH）が7くらいの中性であることや，そのほか**各種の不純物の濃度**などを考慮する必要がある．

6.3 空冷凝縮器

6.3.1 空冷凝縮器の構造

空冷凝縮器とは，冷媒を冷却して凝縮させるのに，**空気の顕熱を用いる凝縮器**をいう．

水冷凝縮器よりも，熱通過率が小さいため，凝縮温度が一般に高くなるが，構造が簡単で保守作業はほとんど必要としない．図6.8 と図6.9 は，空冷凝縮器の例であり，中・小形のフルオロカーボン冷凍装置に広く使用されている．

空冷凝縮器は図6.10(a)に示したように，薄板で作られた多孔穴フィン（一般にアルミニウムの薄板で，腐食性のある特殊な使用環境では銅板を使うこともある．）の穴に，伝熱管図6.10(b)を通し，フィンを 2 mm 程度の間隔（**フィンピッチ**）で銅管に圧着させて作られている．フィンが板状であるので，**プレートフィンコイル空冷凝縮器**とも呼ばれる．冷却用の空気が通過する方向の冷却管の本数を**列数**，また，これに直角の方向の冷却管の本数を**段数**と呼んでいる（図7.1は蒸発器であるが，呼称方法は同じである）．冷却管支持の管板間の距離を，**冷却管の有効長**という．

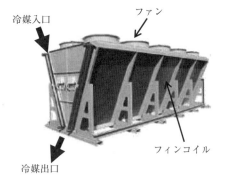

図6.8 空冷凝縮器（リモートコンデンサ形）

6.3.2 空冷凝縮器の伝熱

冷媒が冷却管内を通り，空気がフィンの表面に沿って流れる．

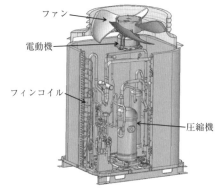

図6.9 空冷凝縮器（ヒートポンプ室外熱交換器）

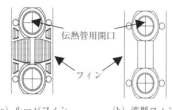

(a) ルーバフィン　　(b) 波型フィン

図 6.10 (a)　空冷凝縮器用フィンの例

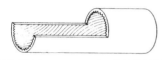

図 6.10 (b)　フィンコイル溝付用伝熱管

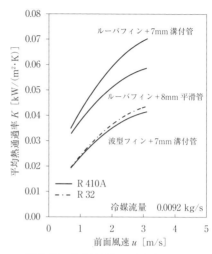

図 6.11　空冷凝縮器の平均熱通過率

表 6.3　プレートフィンコイル空冷凝縮器の例（R 32 の場合）

	フィン	管
①	(a) ルーバフィン	8 mm 平滑管
②	(b) 波型フィン	7 mm 内面溝付管

	記号	単位	①	②
凝縮負荷	Φ_k	kW	35	
入口空気温度	t_{a1}	℃	32	
出口空気温度	t_{a2}	℃	40	
凝縮温度	t_k	℃	42	
算術平均温度差	Δt_m	K	6	
風量	q_v	m³/min	230	
前面風速	u	m/s	0.8	1.6
平均熱通過率	K	W/(m²·K)	34.7	31.7
列数	R	—	2	3
伝熱面積	A	m²	168	182

（注）K, A の値は空気側外表面積における値

空気と冷却管外面との間の熱伝達率は，冷媒と冷却管内面との間の熱伝達率に比べるとはるかに小さいため，冷却管外面にフィンを付けて表面積を大幅に増し，内外面の熱伝達率抵抗が同程度になるようにしている．

空冷凝縮器に入る空気の流速を**前面風速**といい，その値は**約 1.5～2.5 m/s**にする．風速を大きくするとファン動力や騒音が大きくなり，逆に風速が小さ過ぎると伝熱の性能が低下し，凝縮温度が上がってしまう．

一般的な設計条件は，**入口空気乾球温度**を約 32 ℃とし（湿球温度には関係しない），そのときの凝縮温度をほぼ 45～50 ℃としている．図 6.11 は，空冷凝縮器の熱通過率の一例で，前面風速が大きくなると熱通過率は大きくなる．表 6.3 に，空冷凝縮器の例を示した．また，**フィンの形状や管の内面の形状などに改良を加えた凝縮器**は，平板フィンと内面の平滑な管とを組み合わせた凝縮器よりも，**熱通過率が大きくなっている**．

6.4 蒸発式凝縮器

6.4.1 蒸発式凝縮器の構造

蒸発式凝縮器は，**主としてアンモニア冷凍装置に使用**されている．図 6.12 に，蒸発式凝縮器の構造を示す．

ポンプによって水が冷却管コイルの上に散布され，冷媒は冷却管コイル上部から入り，管の中で凝縮し，冷却コイル下部から液となって受液器へ向かって流れ出る．

冷却塔と同様に，**水の蒸発潜熱を利用して冷却するので，外気の湿球温度**が低いほど凝縮温度が下がる．また，**補給水が必要**であり，水質を良好に維持するために，少量ずつ連続的に水の入れ替えを行うことも冷却塔と同じである．エリミネータは，水滴が飛散するのを防ぐために

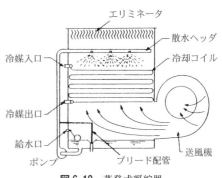

図 6.12 蒸発式凝縮器

用いる.

6.4.2 蒸発式凝縮器の伝熱

散布された水は,冷却管の表面を膜状になって流れ落ち,高温の冷媒から熱を奪って蒸発し,また,送風機で送られた空気が蒸発した水蒸気を取り込んで,高温で絶対湿度の高い空気となって,凝縮器の上部から吐き出される.このために,蒸発式凝縮器は入口空気の湿球温度が高くなると,凝縮のための冷却性能が低下し,凝縮温度が高くなる.

冷却塔の場合とは異なって,**冷却作用のほとんどは水の蒸発潜熱**によって行われるので**冷却水はほぼ一定の温度**で循環する.したがって冷却塔を使用する水冷凝縮器に比べて,**凝縮温度を低く保つ**ことができる.また,冬季の低い外気温度などにより,凝縮温度が下がり過ぎるときには,散水を止めて,空冷凝縮器として使用することもある.

伝熱作用の点からは,**空冷凝縮器と比較して,**この**蒸発式凝縮器**は有利な方法であり,**凝縮温度を低く保つ**ことができる.しかし,水を使用することから,ポンプなどの設備と保守を必要とするので,フルオロカーボン冷凍装置では空冷凝縮器の使用が多く,**蒸発式凝縮器は主として吐出ガス温度の高いアンモニア冷凍装置**に使われている.

冷却作用は水の蒸発潜熱でまかなうので,蒸発分を補うだけの非常に少ない補給水量で熱を持ち去ることができるが,冷却塔の場合と同様に飛散する水や,水質管理のための補給水量も必要である.

第 7 章　蒸発器

7.1　蒸発器の種類と冷媒の蒸発形態および主な用途

　蒸発器の種類は，冷媒の蒸発形態や主な用途などに応じて大別される．さらに乾式や満液式などの**冷媒の蒸発形態**，気体や液体などの**被冷却物の種類**（用途），あるいはフィンコイルやシェルアンドチューブなどの**構造**，などにより細分化される．**表**7.1 に代表的な蒸発器の種類と冷媒の蒸発形態および主な用途を示す．蒸発器は，気体や液体，あるいはこれらを介して**物体を冷却**することに使用されるため，**冷却器**と呼ぶことも多い．

表7.1　蒸発器の種類と冷媒の蒸発形態および主な用途

冷媒の蒸発形態	乾式蒸発器	満液式蒸発器		
	冷却管内蒸発	冷却管外蒸発	冷却管内蒸発	
			自然循環式	強制循環式
代表的な蒸発器の種類	・フィンコイル ・管棚形 ・シェルアンドチューブ ・ブレージングプレート	シェルアンドチューブ（散布式含む）	・フィンコイル ・ヘリングボーン形	フィンコイル
主な用途	空調 冷凍・冷蔵 液体冷却	液体冷却	液体冷却 冷凍・冷蔵	液体冷却 冷凍・冷蔵
蒸発器に必要な附属機器	―	油戻し装置	液集中器 油戻し装置	低圧受液器 油戻し装置 冷媒液ポンプ

7.2 乾式蒸発器

乾式蒸発器では，温度自動膨張弁などによって**低温低圧**となった**冷媒**を冷却管内に流し，管外の液体や空気などの**被冷却物を冷却**する．温度自動膨張弁から流れ出た冷媒は，**冷媒液と乾き冷媒蒸気が混相**した状態になっている．この冷媒がそのまま冷却管内に導かれ，周囲から熱を取り込んで乾き飽和蒸気となり，さらに，**若干過熱**された状態で冷却管から出ていく．一方，被冷却物は，冷媒の蒸発潜熱により冷却される．

乾式蒸発器へ供給される**冷媒量**は，一般に温度自動膨張弁の**過熱度制御機能により流量制御**される．フルオロカーボン冷媒の場合は，冷却管内で分離された**冷凍機油**は，**冷媒蒸気と共に**圧縮機に吸い込まれる．アンモニア冷媒の場合は，冷凍機油（鉱油）は冷却管内に滞留しやすいので，ときどき油抜き弁から抜く必要がある．

乾式蒸発器では，冷却管内を冷媒が流れるため，冷媒の圧力降下が生じる．この**圧力降下が大きい**と蒸発器出入口間での**冷媒の蒸発温度差**が大きくなり，冷却能力が低下するので，低温で使用する場合は特に注意を要する．

7.2.1 空気冷却用蒸発器

乾式の空気冷却用蒸発器には，**空調用フィンコイル蒸発器（図 7.1）**や**冷凍・冷蔵庫用フィンコイル蒸発器（ユニットクーラ，図 7.2）**および急速冷凍装置に使用される**管棚形蒸発器（図 7.4）**などがある．

(1) **空調用フィンコイル蒸発器（図 7.1）**

通常，**空調用フィンコイル蒸発器**

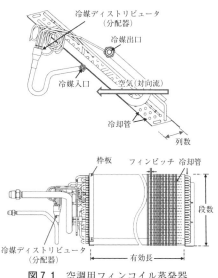

図 7.1 空調用フィンコイル蒸発器

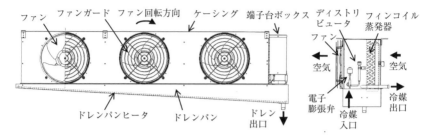

図7.2 冷凍・冷蔵用フィンコイル蒸発器（ユニットクーラ）

の**冷却管**は，通常，**外径5～7 mm**の内面溝付き銅管（図7.3），フィンは0.1 mm程度の厚みのアルミニウムの板が使われ，**フィンピッチ**は，1.5 mm前後である．一般に，縦方向の冷却管本数を**段数**，奥行方向の冷却管本数を**列数**，長手方向の冷却管長さを**有効長**という．

図7.3 内面溝付き銅管（カット図）

(2) **冷凍・冷蔵用フィンコイル蒸発器(ユニットクーラ)（図7.2）**

冷凍・冷蔵装置では，**冷凍・冷蔵用フィンコイル蒸発器**に，ファン（送風機），ファン用電動機，ドレンパンなどを一体に組み込んだユニットクーラが，用いられることが多い．

蒸発器の**冷却管**は，**外径9.5～19.1 mm**の内面溝付き銅管，フィンは0.2 mm程度の厚みのフィンが使われ，**フィンピッチ**は，着霜を考慮して，6～12 mmとしている．

(3) **管棚形蒸発器（図7.4）**

急速冷凍装置などに使用する**管棚形蒸発器は裸コイルを棚状に**設置し，その管棚に品物を置いて送風機で空気を循環させる．

(4) **ディストリビュータ（図7.5）**

図7.1のように，大きな容量の乾式蒸発器は，多数の冷却管より構成されているので，これらの**冷却管の流量が均等となるよう冷媒を分配して送り込むことが大切**である．このために，蒸発器の冷媒の入口側に，**図7.5に示す**ディス

トリビュータ（分配器）を取り付ける．

ディストリビュータは，冷媒の流れに対する抵抗が大きいものがあるので，**膨張弁の選定**にはこの抵抗を考慮しなければならない．ディストリビュータでの**圧力降下**分だけ膨張弁前後の圧力差が小さくなるために，**膨張弁の容量**が小さくなる．また，**内部均圧形温度自動膨張弁**では，過熱度が適切に制御できなくなるので注意しなければならない．このような圧力降下の大きなディストリビュータを用いる場合には，**外部均圧形温度自動膨張弁**を用いる（9.1.1参照）．

(5) **送風の向きと冷媒の流れ方向**

図7.6に示したように，蒸発器を通過する**空気の流れ方向**と，**冷媒の列方向の流れ**の方向とは，**互いに逆方向（向流）**になるようにする．

温度自動膨張弁は，蒸発器出口の冷媒が必ずいくらか過熱されるように冷媒流量を制御する．一方，蒸発器出口に近い過熱領域の冷媒の熱伝達率は蒸発領域よりも小さい．したがって，この過熱領域には，まだ冷却されていない温度の高い空気を流

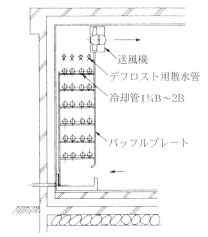

図7.4　管棚形蒸発器

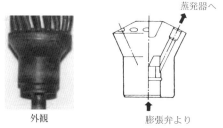

図7.5　ディストリビュータ

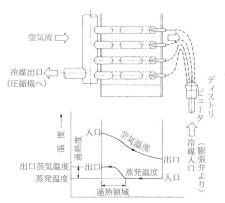

図7.6　空気冷却用蒸発器における空気と冷媒の流れ方向及び温度変化

し，**空気と冷媒の温度差を大きく**することによって，過熱に使われる伝熱面積を小さくし，蒸発器全体の伝熱面積を小さくして，**小形化する**ことができる．

(6) **フィンピッチとフィンの高性能化**

冷却管外表面のフィンは，空冷凝縮器と同様に，通常は**アルミニウムの薄板**を使用する．蒸発器では空気中の水蒸気が冷却，凝縮してフィン表面で結露し，蒸発温度が低いとそれが霜となってフィン表面に付着し，空気の通過をさまたげる点が凝縮器と異なる．そこで，冷凍・冷蔵用ではフィンピッチの広いものを用いる．**空調用では 1.5 mm** くらい，**冷凍・冷蔵用では 6～12 mm** のフィンピッチのものを用いる．

また，空気冷却器用蒸発器の平均熱通過率に与える**空気側の熱伝達率の影響**は，**冷媒側の熱伝達率より相当に大きく**，フィンの高性能化が極めて重要となる．**図 7.7** に空気冷却用蒸発器に用いられるフィンの形状変化と空気熱伝達率の推移を示す．フィンパターンを平形（プレート）フィンや波形フィンからスリットフィンやルーバフィンへと改良することにより，**空気側熱伝達率が大きく向上している**．

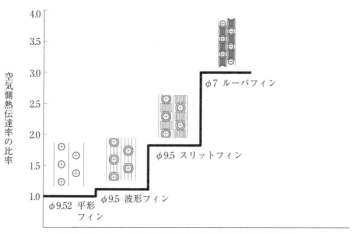

図 7.7 フィン形状の変化と空気側熱伝達率の推移

7.2.2 液体冷却用蒸発器

液体冷却用蒸発器には，水やブラインを冷却する**シェルアンドチューブ蒸発器**（図7.8）や板状のステンレス製伝熱プレートを多数積層した**ブレージングプレート蒸発器**（図7.10）がある．

(1) シェルアンドチューブ蒸発器（図7.8）

シェルアンドチューブ蒸発器は図7.8に示すように，**冷媒が左蓋下部**から入り，蒸発しながら冷却管（伝熱管）の中を通って**左蓋上部**より出て行く．このように，冷媒が往復する場合は，**往復の回数の2倍をパス数**という．また往復しない場合は1パスという．**液体は，胴体入口より入り，バッフルプレートで流れ方向を変える**ことで，水やブライン側の熱伝達率を上げ，**胴体出口**より出て行く．一般に胴体は鋼板製で，冷却管には鋼管や銅管が使用される．水やブライン側の熱伝達率に比べて冷媒側の熱伝達率は小さいので，冷却管の内側にフィンをもつ**インナフィンチューブ**（図7.9）などの**伝熱促進管**が

φ15.9　5本足　m = 2.2
φ18.8　10本足　m = 3.4

図7.9　インナフィンチューブ

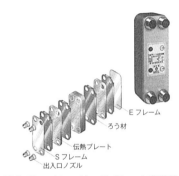

図7.10　ブレージングプレート蒸発器

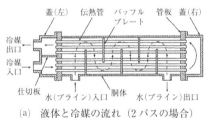

(a) 液体と冷媒の流れ（2パスの場合）

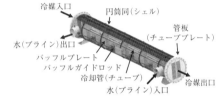

(b) 構造断面（1パスの場合）

図7.8　シェルアンドチューブ乾式蒸発器

使用されることが多い.

(2) ブレージングプレート蒸発器（図7.10）

小形高性能で，冷媒充填量もシェルアンドチューブ蒸発器に比べて少なくて済み，水やブラインの冷却用に広く用いられる．板状の**ステンレス製伝熱プレートを多数積層**し，これらをブレージング（ろう付け）することによって耐圧・気密性能を有している．伝熱プレートは，ステンレスの薄板に凹凸の波形のパターンをプレス加工することによって**冷媒と水やブラインの流れを乱し，伝熱性能を高めている**.

7.2.3 乾式蒸発器の伝熱

この蒸発器では，伝熱面に飽和冷媒液が接する伝熱面積の割合は，次節の満液式蒸発器と比べて少ない．蒸発器で冷媒が受け取る熱量，すなわち冷凍能力は，

$$\Phi_\mathrm{o} = KA\Delta t_\mathrm{m} \cdots\cdots\cdots\cdots\cdots\cdots\cdots\cdots\cdots\cdots\cdots\cdots\cdots\cdots (7.1)$$

で表せる．ここに，

Φ_o：冷凍能力　（kW）

K：熱通過率　[kW/(m²·K)]

A：伝熱面積　（m²）

Δt_m：冷却される空気や水などと冷媒との間の平均温度差（K）

冷蔵用の空気冷却器では，この**平均温度差 Δt_m の値**は，**通常 5～10 K 程度に**する．この値が大き過ぎると，蒸発温度を低くしなければならないので，圧縮機の冷凍能力と装置の成績係数が低下する．また，逆に，この値が小さ過ぎると，伝熱面積 A の大きなものを使用しなければならない．風量の減少などにより，負荷が小さくなると，蒸発温度が低下して着霜または氷結することがあるので注意を要する.

空調用では，圧縮機の圧力比が小さく，除湿する必要があるので，**Δt_m の値は 15～20 K 程度**にしている.

熱通過率 K の値は，**外表面積（フィン側の空気に接する面）の伝熱面積 A**

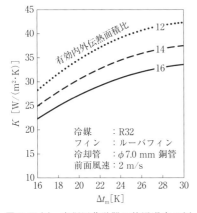
図7.11(a) 空調用蒸発器の熱通過率の例

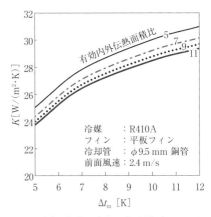
図7.11(b) 冷凍・冷蔵用蒸発器（ユニットクーラ）の熱通過率の例

を基準として表す．

図7.11(a), (b)は，空調用蒸発器及び冷凍・冷蔵用蒸発器（ユニットクーラ）が着霜していないときの熱通過率の一例である．

（**例題 7.1**） 冷却能力60冷凍トンの水冷却装置で伝熱面積$A=50\,\mathrm{m}^2$の蒸発器が，冷水の入口温度$t_{w1}=10\,\mathrm{℃}$，水量830 L/min，冷媒の蒸発温度2℃で運転されている．算術平均温度差を用いて，この蒸発器の熱通過率を求めよ．

（**解**） 1冷凍トンは，式 (1.6) により，13 900 kJ/h であるので，60冷凍トンの冷却熱量 $\varPhi_0$ は

$$\varPhi_o = 13\,900 \times 60 = 834\,000 \,\mathrm{kJ/h} = 231.67 \,\mathrm{kW}$$

水の密度は1 kg/L であるから，水量を毎時の質量流量 q_{mw} で表すと

$$q_{mw} = 1 \times 830 \times 60 = 49\,800 \,\mathrm{kg/h}$$

また，水の比熱c_wは 4.18 kJ/(kg·K) であるから，冷水の出口温度を t_{w2} とおくと，冷却熱量は水冷却装置の冷却能力60冷凍トンに等しいので，

$$\varPhi_o = c_w q_{mw}(t_{w1} - t_{w2})$$

これから，冷水の出口温度は

$$t_{w2} = t_{w1} - \frac{\Phi_0}{c_w q_{mw}}$$

$$= 10 - \frac{834\,000}{4.18 \times 49\,800} = 6\,℃$$

となる.

算術平均温度差 Δt_m は,蒸発温度 $t_0 = 2\,℃$ より

$$\Delta t_m = \frac{(t_{w1} - t_o) + (t_{w2} - t_o)}{2}$$

$$= \frac{(10 - 2) + (6 - 2)}{2} = 6\,K$$

である.

熱通過率 K は,式(7.1)より

$$K = \frac{\Phi_o}{A \Delta t_m} = \frac{231.67}{50 \times 6} = 0.772\,kW/(m^2 \cdot K)$$

と求められる.

7.3　満液式蒸発器

満液式蒸発器は,表7.1に示すように冷媒が**冷却管の外側で蒸発する冷却管外蒸発器**と**内側で蒸発する冷却管内蒸発器**とに大別される.さらに**冷却管内蒸発器**には冷媒液ポンプで冷媒液を強制循環させる**強制循環式（図7.15）**と自然循環で冷媒を循環させる**自然循環式（図7.14）**とがある.いずれの場合も蒸発器や低圧受液器などの容器内の冷媒液の**液面高さをフロート弁**などで一定に保つよう冷媒を**流量制御**する.一般に乾式蒸発器に比べて,冷媒側の熱伝達率が大きいので,伝熱面積を小さく,あるいは被冷却物と蒸発温度との平均温度差を小さくすることができる.しかし,容器内に残留する冷凍機油を圧縮機に戻す油戻し機構等が必要で,装置が複雑となる.

7.3.1　冷却管外蒸発器

図7.12は,冷却管外蒸発器として用いられるシェルアンドチューブ満液式

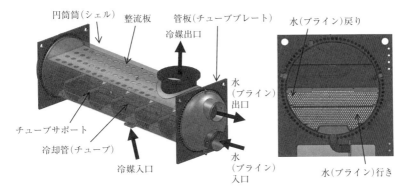

図7.12 シェルアンドチューブ満液式蒸発器

蒸発器を，図7.13(a)はその熱通過率の値の例を示す．冷媒側伝熱面における平均熱通過率は乾式蒸発器のように過熱に必要な過熱部・管部がないため，乾式（図7.13(b)）より大きい．**蒸発器に入る冷媒は，飽和液と飽和蒸気とが混相した状態**であるが，大きな容積のシェルの中で気液分離され，飽和蒸気だけが圧縮機に吸い込まれ，**冷媒液はシェル内に滞留して冷却管を浸している**．蒸発器内に入った冷凍機油は冷媒ガスと分離し，圧縮機への戻りが悪いので，**油戻し装置が必要になる**．

　油戻しの方法としては，フルオロカーボン冷凍装置では，冷凍機油の濃度の

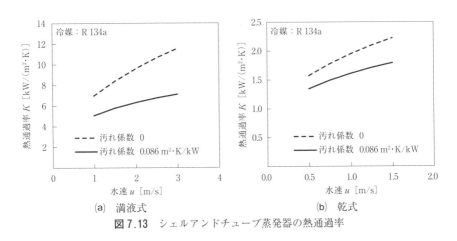

(a) 満液式　　　　　　　　　(b) 乾式
図7.13 シェルアンドチューブ蒸発器の熱通過率

高い液面の近くから冷凍機油と混合した冷媒を抜き出し，それを**加熱して冷媒と冷凍機油とを分離**し，冷凍機油を圧縮機に戻す．

7.3.2 冷却管内蒸発器

(1) **強制循環式**

低圧受液器から蒸発量よりも多い**冷媒量**を，**冷媒液ポンプで強制的**に蒸発器に送る．未蒸発の冷媒液は，気化した蒸気とともに低圧受液器へ戻る．この方式を**冷媒液強制循環式冷凍装置（液ポンプ方式）**いう．図7.14にフィンコイル蒸発器を用いた冷媒液強制循環式冷凍装置の概略を示す．

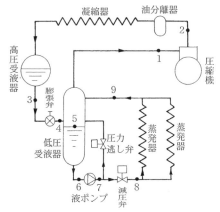

図7.14 冷媒液強制循環式冷凍装置

(a) **伝熱作用上の利点**

冷却管には，蒸気を過熱する部分がなく，冷媒液が強制的に循環されるので，**冷媒側熱伝達率が大きい**．また，多数の蒸発器を分散設置する場合には，離れた所の蒸発器にも，充分に液を供給できる利点がある．しかし設備が複雑になるので，大規模の冷蔵庫に使われ，小さな冷凍装置には用いない．またこの**冷媒液強制循環式冷凍装置は図7.15に示す冷却管内蒸発自然循環式冷凍装置や乾式蒸発器と比較して冷媒充填量が多くなる**ことが欠点である．

(b) **適正な冷媒流量**

液ポンプで送る冷媒流量は，経験上の適正な値があり，**蒸発液量の約3～5倍**程度である．

(c) **油抜き（油戻し）**

冷媒がアンモニアの場合には，冷凍機油（鉱油）はアンモニアにほとんど溶けない．冷媒液強制循環式では，冷凍機油も冷媒液とともに流動するので，多量に**冷凍機油が蒸発器内に溜まることがなく，低圧受液器の底部に溜まる**．こ

のために，低圧受液器の下部の油抜き弁から滞留した冷凍機油を抜くようにする（**4.4.5項参照**）．フルオロカーボン冷媒の場合には，冷凍機油が液に溶けやすいので，蒸発器内の冷凍機油は，強制的に冷媒液によって洗い流されてしまい，油が蒸発器に溜まることなく，シェルアンドチューブ蒸発器（**7.3.1項**）と同様の方法で冷凍機油を低圧受液器から圧縮機に戻す．

(d) **液面制御**

低圧受液器の内の冷媒液は飽和状態であるため，**液ポンプ位置と液面の高低差が小さい**とポンプの吸込み口までの液が流路抵抗により**減圧し気化**（フラッシュガスが発生）して，**液ポンプが正常に働かなくなる**ことがある．そこで，**液ポンプは液面よりも充分低い位置**に置く．通常液面は液ポンプから約2mほど高い位置に設定し，高圧受液器からの冷媒液の流入量をフロートスイッチ，電磁弁および流量調整弁（または手動弁）で制御する．

(2) **自然循環式**

図7.15はフィンコイル蒸発器を用いた冷却管内蒸発自然循環式冷凍装置の一例である．この冷凍装置は，**液集中器**と呼ばれるドラムで蒸気を分離し，冷媒**液面位置を一定に**保つようにする．

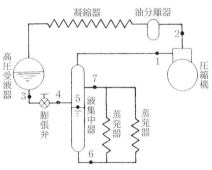

図7.15 冷却管内蒸発自然循環式冷凍装置

7.4 着霜，除霜および凍結防止

7.4.1 着霜とその影響

プレートフィンチューブ冷却器のフィン表面に霜が厚く付着（**着霜，霜着き，フロスト**などという．）すると，空気の通路が狭くなって風量が減少する．また同時に，霜の熱伝導率は小さいので伝熱が妨げられ，蒸発圧力が低下し，圧縮機の能力が小さくなって，**冷却不良になる**．圧縮機の駆動軸動力も小さくなるが，冷凍能力の低下の割合のほうが大きいので，**装置の成績係数も低下する**．

7.4.2　除霜方法

着霜した冷却器から霜を取り除くことを，冷却器の**除霜**または**デフロスト**という．広く使用されているユニットクーラなどでは，下記のような除霜方法を使用している．

(1)　**散水方式**

水を冷却器に散布して霜を融解させる方法が，**散水除霜方式である**．散布した水と融解した水は，ドレンパンに流れ落ちて，排水管から冷蔵庫の外に排出する．

水の温度が低すぎると霜を融かす能力が不足し，温度が高すぎると冷蔵庫内に霧が発生し，それが再冷却時に着霜の原因になる．したがって，**水温は10〜15℃がよい**．

除霜は，まず除霜しようとする冷却器への冷媒の供給を止め，冷却器中の冷媒を受液器などに回収してから，送風機を停止し，散水を行う．散水管は，除霜終了後に内部に水が残留して凍結しないように，水を庫外に排出し，また，冷蔵庫外の排水管にはトラップを設けて外気の侵入を防止する．冷却の再開は，十分に冷却器の水切りが終わってから行わないと，水滴が氷になり，次の除霜のときに融けにくくなる．散水中に冷却器内の残留冷媒が多いと，除霜後の再起動時の蒸発圧力が高くなり過ぎるので，充分に冷媒回収を行う．また，排水管は氷結しないように防熱するか，ヒータで加熱する（**図7.16参照**）．

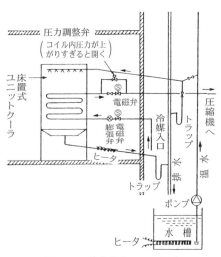

図7.16　散水方式による除霜

(2)　**ホットガス方式**

圧縮機から吐き出される高温の冷媒ガスを冷却器に送り込み，それの**顕熱**と

凝縮潜熱とによって霜を融解させる除霜方法が，**ホットガス除霜方式**である（図7.17参照）．この除霜方法は散水方式とは異なり，冷却管を通して，冷媒ガスの熱によって霜を融解させるので，厚く着霜すると融けにくくなり，除霜の時間が長くなる．

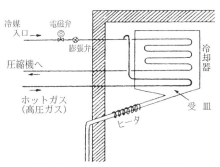

図7.17 ホッガス方式による除霜

したがって，ホットガスによる除霜は，霜が厚くならないうちに早めに行うほうがよい．また，ドレンパンに氷が堆積しないように，ドレンパンおよび排水管をヒータで加熱する．このような方法のほかに，**凝縮熱量の一部を蓄熱槽**に蓄え，ホットガス除霜の際に液化した冷媒液を蒸発させて熱源とする**蓄熱槽式ホットガス方式**もある（図7.18参照）．

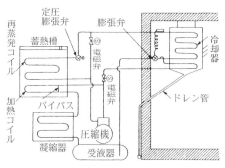

図7.18 蓄熱槽式ホットガス方式による除霜

(3) その他の方法

水を散布する散水除霜方式に対して，**不凍液**（エチレングリコール水溶液など）を蒸発器に散布する除霜方法がある．不凍液は水分を吸収して濃度が薄くなるので，**濃度を戻す再生処理が必要**である．

この他に，**電気ヒータで加熱する除霜方法**，また，庫内温度が5℃程度の冷蔵庫では，蒸発器への冷媒の送り込みを止めて，庫内の空気の送風によって霜を融かす**オフサイクルデフロスト方式**がある．

7.4.3 水冷却器，ブライン冷却器の凍結防止

水は凍結すると体積が約9%膨張するので，**密閉された容器や管の中で凍結**すると，**体積膨張による圧力上昇**によって容器や管が破壊されてしまうことが

ある.

　水冷却器やブライン冷却器では，凍結による破壊を防止するために，水やブラインの温度が下がり過ぎたときに，**サーモスタット**を用いて冷凍装置の運転を停止し，凍結を防止する．また，**蒸発圧力調整弁**を用いて，蒸発圧力が設定値よりも下がらないように制御して凍結を防止する方法もある．

第8章　附属機器

8.1　受液器（レシーバ）

冷凍装置に用いる受液器には，大別して凝縮器の出口側に連結する**高圧受液器**と，冷却管内蒸発式の満液式蒸発器に連結して用いる**低圧受液器**とがある．

8.1.1　高圧受液器

高圧受液器（単に受液器と呼ぶことが多い）は，横形または立形円筒状の圧力容器で，図8.1のような構造である．受液器より液とともに蒸気が通過して流れ出ないように液出口管端を，受液器の下部位置に設置し，下部から液を取出すようにする．

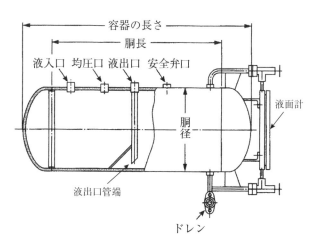

図8.1　高圧受液器（横形）

その役割は，以下の2点である．
(1) 受液器内の蒸気空間に余裕をもたせ，運転状態の変化があっても，凝縮器で凝縮した冷媒液が凝縮器に滞留しないように，冷媒液量の変動を受液器で吸収する．
(2) 冷媒設備を修理する際に，大気に開放する装置部分の冷媒を回収できるようにする．

8.1.2 低圧受液器

低圧受液器は，**冷却管内蒸発式の満液式蒸発器を用いた装置**において，蒸発器に液を送り，かつ蒸発器から戻る冷媒液の液溜めの役割をもつ（**図8.2**）．
（液面レベル確保と液面位置の制御については **7.3.2項(d)液面制御**を参考）

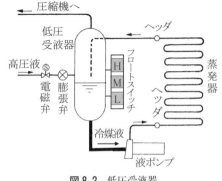

図8.2 低圧受液器

8.2 油分離器（オイルセパレータ）

圧縮機から吐き出される冷媒ガスとともに，若干の冷凍機油が一緒に吐き出される．この量が多いと，圧縮機の冷凍機油量が不足し，潤滑不良を起こす．また，この冷凍機油は凝縮器や蒸発器に送られて伝熱を妨げる．これらの障害を防ぐために，圧縮機の吐出し管に油分離器を設け，冷凍機油を分離する．大形・低温のフルオロカーボン冷凍装置やアンモニア冷凍装置では，油分離器を用いる．またスクリュー圧縮機では多量の冷凍機油を圧縮機に送るため，必ず油分離器を使用する．

小形のフルオロカーボン冷凍装置では，油分離器を設けていない場合が多い．油分離器は油を分離する方式により，構造の異なるいくつかの種類がある．

(1) 立形円筒胴内に旋回板を設け，油滴を遠心分離するもの（遠心分離形，図 8.3）．
(2) ガスを多数の小穴をもったじゃま板に通過させ，油滴のみが板に衝突して付着する作用を利用するもの（バッフル形）．
(3) 容器内に金網を円筒状に，2重，3重に配置し，吐出しガスが通過する際に，金網で油滴を分離するもの（金網形）．
(4) 繊維状の細かい金属線の層（デミスタ）を設け，油を金属線で捕らえ，分離するもの（デミスタ形，図 8.4）．
(5) 大きな容器内で，ガス速度を小さくして油滴を重力落下，分離するもの（重力分離形）．

フルオロカーボン冷媒では分離した冷凍機油は容器の下部に溜められ，一定レベルに達するとフロートを押し上げて針弁が開き，圧力の低いクランクケースに自動的に戻される．ただし，非相溶性の冷凍機油（鉱油）を用いたアンモニア冷媒の場合には，吐出しガス温度が高く，油が劣化するので，一般には自動返油せず，油溜めに抜き取ることがある．

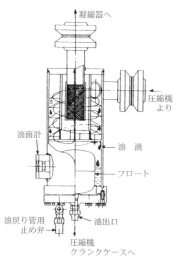

図 8.3 油分離器（遠心分離形）

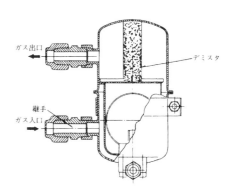

図 8.4 油分離器（デミスタ形）

8.3 液分離器

液分離器（**アキュムレータ**と呼ぶことが多い）は，蒸発器から圧縮機の間の吸込み蒸気配管に取り付けて，吸込み蒸気中に冷媒液が混在したときに冷媒液を分離し，冷媒蒸気だけを圧縮機に吸い込ませて液圧縮を防止し，圧縮機を保護する役目をする．

液分離器の構造は，**図8.5**のように円筒形の胴をもった容器内で，**蒸気速度**を約1m/s以下に落とし，蒸気中の液滴を重力で分離，落下させ，容器の下部に溜まるようにしたものである．

図8.6は主として小形のフルオロカーボン冷凍装置やヒートポンプ装置などに使用される液分離器で，分離された液は容器の下部に溜まり，内部のU字管の下部に設けられた小さな孔から，液圧縮にならない程度に，少量ずつ液を蒸気とともに圧縮機に吸い込ませる．分離された液を積極的に加熱して，蒸発させるものもある．

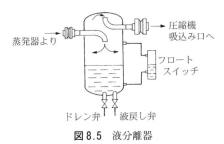

図8.5 液分離器

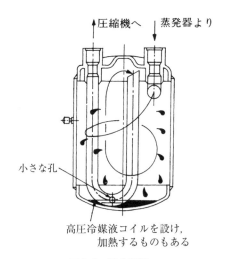

図8.6 液分離器

8.4 液ガス熱交換器

フルオロカーボン冷凍装置では，凝縮器を出た冷媒液を過冷却するとともに，圧縮機に戻る冷媒蒸気を適度に過熱させるために，**図8.7**のような液ガス熱交換器を設けることがある．その目的は，次の通りである．

(1) 液管内でフラッシュガスの発生を防止するために，冷媒液を過冷却させる．
(2) 湿り状態の冷媒蒸気が圧縮機に吸い込まれるのを防止するために，吸込み蒸気を適度に過熱させる．

なお，アンモニア冷凍装置では，圧縮機の吸込み蒸気過熱度の増大にともなう吐出しガス温度の上昇が著しいので，使用しない．

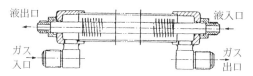

図8.7 液ガス熱交換器

8.5 フィルタドライヤ（ろ過乾燥器）

フルオロカーボン冷凍装置の冷媒系統に水分が存在すると，装置の各部に悪影響を及ぼす．そこで，冷媒液配管に設けたドライヤに冷媒液を通して冷媒中の水分を除去する．

ドライヤは，**図8.8**のようにろ筒内部に乾燥剤を網に入れて収め，乾燥剤を交換しやすくし，乾燥剤の微細粉が冷媒とともにドライヤから流出するのを防いでいる．なお，ろ過機能もあるため，ドライヤはろ過乾燥器（フィルタドライヤ）と呼ばれる．**乾燥剤**にはシリカゲルやゼオライトなどが用いられ，**水分を吸着して化学変化を起こさないこと**，砕けにくいことなどが大切である．水分を吸着して，変色したものは交換す

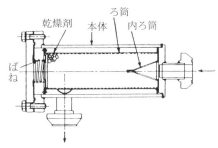

図8.8 フィルタドライヤ

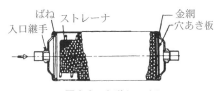

図8.9 小形ドライヤ

る．また，図8.9のような小形密閉形のものもある．

なお，アンモニア冷凍装置では，冷媒系統内の水分はアンモニアと結合しているため，乾燥剤による吸着分離がむずかしい．通常，アンモニア冷凍装置には，ドライヤは使用しない．

8.6 リキッドフィルタ，サクションストレーナ

冷媒中にごみや金属粉などの異物が混入して循環すると，これらが膨張弁のオリフィスに詰まったり，圧縮機の軸受，シリンダ，軸封部に損傷を与えたり，吐出し弁や吸込み弁に付着してそれらの機能を妨げる原因となる．また，密閉圧縮機の電動機巻線の絶縁不良の原因にもなる．これらの障害を防

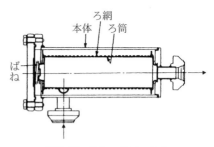

図8.10 リキッドフィルタ

ぐために，冷媒をフィルタやストレーナに通して，**ごみや異物を除去**する必要がある．図8.10は，膨張弁の手前の液配管に取り付けるリキッドフィルタを示す．その構造は，ろ網を円筒内に設けたもので，通路はドライヤと同様にL字形をしており，本体を配管から取り外さないで，ろ網の清掃あるいはろ筒の交換ができる．

図8.11は，サクションストレーナを示し，その構造はリキッドフィルタと同じである．一般に，圧縮機吸込み口にはストレーナをもっているので，このフィルタは使用しないが，配管距離が長く，施工工事中にごみが入ることが考え

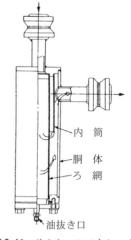

図8.11 サクションストレーナ

られる場合に用い，運転の初期に施行工事中のごみを除去する．

8.7 サイトグラス

冷媒液配管のフィルタドライヤの下流に設置されるもので，図 8.12 のように，のぞきガラスとその内側に水分含有量によって変色するモイスチャーインジケータ（指示板）からなる．変色指示板のないのぞきガラスだけのものもある．

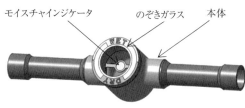

図 8.12　サイトグラス

サイトグラスは冷媒の流れの状態を見るためのものであり，また冷媒をチャージするときの充填量不足を判断することもできる．変色指示板つきのものでは，冷媒中の水分が，安全な許容量内にあるかどうかを指示色で判断できるので，フィルタドライヤの交換時期などがわかる．

第9章 自動制御機器

冷凍装置の熱負荷は，季節的に，また，時間的にも変化し一定ではない．このように刻々と変わる熱負荷に応じて，**装置を自動的に効率よく運転する**ために，さまざまな自動制御機器が用いられる．冷媒流量の調節は**自動膨張弁**によって行う．また，蒸発圧力や凝縮圧力などを制御するために**圧力調整弁**が使われる．装置の保安の面からは**圧力スイッチ**なども必要である．

9.1 自動膨張弁

自動膨張弁は，冷凍サイクルを構成する重要な要素として，**高圧の冷媒液を低圧部に絞り膨張させる機能**と，**冷凍負荷に応じて冷媒流量を調節し冷凍装置を効率よく運転する機能**との二つの役割をもっている．

蒸発器の熱負荷に対して弁開度が大き過ぎると，蒸発器内の冷媒液が過多となって，圧縮機に未蒸発の液が戻りやすくなり，弁開度が小さ過ぎると，蒸発器内の冷媒液が不足して圧縮機吸込み蒸気の過熱度が過大となり，いずれの場合も冷凍装置の性能が低下する．

このような理由により，**乾式蒸発器**では一般に**温度自動膨張弁**や**電子膨張弁**が使用されており，蒸発器の熱負荷変動に応じて冷媒流量を適切に調節し，蒸発器出口冷媒の過熱度を 3〜8 K 程度に制御する．

このほか蒸発圧力を一定に保つためには**定圧自動膨張弁**が，また，小容量の冷凍装置には膨張弁の代わりに**キャピラリチューブ**が使用されている．

9.1.1 温度自動膨張弁

温度自動膨張弁は，蒸発器の負荷変動に追従した冷媒流量の調節を行うことによって蒸発器出口冷媒蒸気の過熱度を一定に保つ作用をする．温度自動膨張

弁には，弁の均圧方式により，**内部均圧形温度自動膨張弁**と**外部均圧形温度自動膨張弁**とがある．内部均圧形温度自動膨張弁（**図9.1**および**図9.2(a)**）では，蒸発器入口（膨張弁出口）の冷媒圧力が内部均圧穴を通してダイアフラム下面に直接伝えられる．また，外部均圧形温度自動膨張弁（**図9.2(b)**）では，蒸発器出口の冷媒圧力が圧縮機吸込み管から外部均圧管を通してダイアフラム下面に伝えられる．温度自動膨張弁とともに用いる感温筒のチャージ方式には，**液チャージ方式**，**ガスチャージ方式**，**クロスチャージ方式**がある．

以下に，(1)作動原理，(2)感温筒のチャージ方式，(3)感温筒の取付け，(4)高低圧圧力差と弁容量，(5)弁容量の選定の順に詳述する．

(1) 作動原理

図9.1に，内部均圧形温度自動膨張弁の構造と力のつり合いを示す．蒸発器入口（膨張弁出口）の冷媒圧力 P_2 が内部均圧穴を通してダイアフラム下面に伝えられる．P_2 によるダイアフラム下面に作用する力を F_2 とする．また，蒸発器出口の冷媒過熱蒸気の温度は蒸発器出口配管壁を介して感温筒に伝えられ，その温度における感温筒チャージ冷媒の飽和圧力 P_1 がダイアフラム上面に伝えられる．P_1 によるダイアフラム上面に作用する力を F_1 とする．これらダイアフラム上下面に作用する冷媒圧力による力 F_1，F_2 と過熱度設定用ばねのばね力 F_3 が釣り合うように，弁開度が制御される．

ダイアフラム上下面に作用する力 F_1，F_2 とばね力 F_3 との間のつり合いは次式で表される．

$$F_1 - F_2 = F_3 \cdots\cdots\cdots\cdots\cdots\cdots\cdots\cdots\cdots (9.1)$$

この力のつり合いを圧力のつり合いに置き換えると次式となる．

$$P_1 - P_2 = P_3 \cdots\cdots\cdots\cdots\cdots\cdots\cdots\cdots\cdots (9.2)$$

ただし，P_1：感温筒チャージ冷媒の飽和圧力 (MPa)，P_2：蒸発器入口の冷媒圧力 (MPa)，P_3：過熱度設定用ばねのばね力をダイアフラムの有効断面積で除した値（ばねの相当圧力）(MPa) である．

いま，蒸発器の熱負荷が大きくなって過熱度が増大したとすると，蒸発器出口冷媒蒸気の温度が上昇し，感温筒チャージ冷媒の飽和圧力 P_1 が高くなる．

これによりダイアフラム上下面の圧力差 (P_1-P_2) が大きくなり，ダイアフラムは下方に動き，ばねの相当圧力 P_3 とつり合うまで弁開度が大きくなって冷媒流量が増加する．その結果，蒸発器出口冷媒の過熱度がもとの設定値に戻ることになる．このように，**温度自動膨張弁は蒸発器出口冷媒の過熱度がほぼ一定となるように冷媒流量を調節する**．

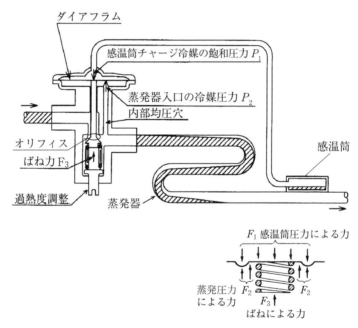

図 9.1　内部均圧形温度自動膨張弁の構造と力のつり合い

図 **9.2** に，(a)内部均圧形温度自動膨張弁および(b)外部均圧形温度自動膨張弁の作動例をそれぞれ示す．ここで，冷凍装置の冷媒および感温筒チャージ冷媒は R 134a であり，(a) および (b) の運転条件はそれぞれ以下の値で同様とする．

　　　　蒸発器出口における冷媒圧力：$P_o=0.133$ MPa（飽和温度 -20 ℃）
　　　　蒸発器における圧力損失：$\Delta P=0.037$ MPa

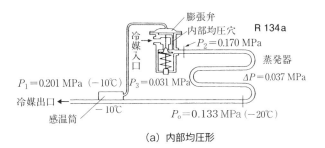

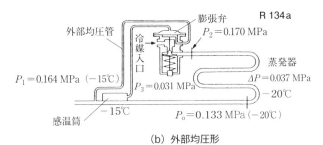

図 9.2 温度自動膨張弁の作動（感温筒チャージ冷媒：R 134 a）

蒸発器入口の冷媒圧力：$P_2 = P_o + \Delta P = 0.133 + 0.037 = 0.170\,\mathrm{MPa}$
ばねの設定相当圧力：$P_3 = 0.031\,\mathrm{MPa}$

(a) 内部均圧形では，式 (9.2) より，感温筒チャージ冷媒の圧力 P_1 は次式のように表される．

$$P_1 = P_2 + P_3 = P_o + \Delta P + P_3 = 0.133 + 0.037 + 0.031 = 0.170 + 0.031$$
$$= 0.201\,\mathrm{MPa}$$

ただし，$P_2 = P_o + \Delta P = 0.170\,\mathrm{MPa}$ である．この圧力 $P_1 = 0.201\,\mathrm{MPa}$ における R 134a の飽和温度は $-10\,\mathrm{°C}$ であるので，内部均圧形温度自動膨張弁は蒸発器出口冷媒過熱蒸気の温度が $-10\,\mathrm{°C}$ になるように冷媒流量を調整する．これより，蒸発器出口冷媒の運転時の過熱度は，冷媒過熱蒸気の温度 $-10\,\mathrm{°C}$ から蒸発器出口圧力 $P_o = 0.133\,\mathrm{MPa}$ における R 134a の飽和温度 $-20\,\mathrm{°C}$ を減じて，

$$過熱度 = -10 - (-20) = 10\,\mathrm{°C} = 10\,\mathrm{K}$$

となる．以下に示す外部均圧形と比べて，内部均圧形では，蒸発器出口冷媒の

過熱度が蒸発器における圧力損失 ΔP に相当する分だけ大きくなるように制御される. したがって, **内部均圧形温度自動膨張弁は蒸発器内の圧力損失が小さい冷凍装置に用いられている.**

一方, (b) 外部均圧形では, 式 (9.2) から, 感温筒チャージ冷媒の圧力 P_1 は次式のように表される.

$$P_1 = P_2 + P_3 = P_0 + P_3 = 0.133 + 0.031 = 0.164 \text{ MPa}$$

ただし, 外部均圧管により $P_2 = P_0$ である. この圧力 $P_1 = 0.164 \text{ MPa}$ におけるR 134a の飽和温度は -15℃であるので, 外部均圧形温度自動膨張弁は蒸発器出口冷媒過熱蒸気の温度が -15℃となるように冷媒流量を調整する. その結果, 蒸発器出口冷媒の運転時の過熱度は, 冷媒過熱蒸気の温度 -15℃から蒸発器出口圧力 $P_0 = 0.133 \text{ MPa}$ における R 134a の飽和温度 -20℃を減じて

$$過熱度 = -15 - (-20) = 5℃ = 5 \text{ K}$$

となる. このように, 外部均圧形では, ダイアフラム下面に蒸発器出口冷媒圧力が均圧管によって伝えられるので, 蒸発器内の圧力損失の過熱度制御への影響を取り除くことができる. 以上のことから, **蒸発器の圧力損失や圧力変動が大きい冷凍装置では, 内部均圧形ではなく外部均圧形温度自動膨張弁が使用されている.**

(2) 感温筒のチャージ方式

蒸発器出口の冷媒過熱蒸気の温度は, 蒸発器出口管壁を介して感温筒に伝えられ, その温度に対応した感温筒内チャージ冷媒の飽和圧力に変換して, 弁開度を変える.

感温筒のチャージ方式には

(a) 液チャージ方式

(b) ガスチャージ方式 (MOP チャージ方式)

(c) クロスチャージ方式

がある. これらのチャージ方式による膨張弁の動作の特徴について, 以下に説明する.

(a) 液チャージ方式

　液チャージ方式では，感温筒内には封入冷媒が蒸気と一部液の状態で常時存在するのに必要な量が充填されており，**常に感温筒内は飽和圧力に保たれている**．このために，弁本体の温度が感温筒温度よりも低くなっても正常に作動するので，広い蒸発温度の範囲で膨張弁が使える．しかし，冷凍装置の始動時には，弁開度が大きく，必要以上に冷媒流量が多くなり，圧縮機駆動用電動機が過負荷になることもある．また，感温筒温度

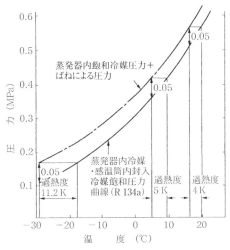

図 9.3　過熱度の変化（弁開度を一定とした場合）

が過度に上昇すると封入冷媒圧力が大きく上昇し，ダイアフラムを破損するので，一般に感温筒の許容上限温度を 40〜60℃としている．

　図 9.3 に，液チャージ方式温度自動膨張弁の過熱度が弁開度一定のときに，温度帯域によってどのように変わるかを示す．蒸発温度が低温になるにともない設定過熱度が大きくなる傾向がある．したがって，膨張弁の適用蒸発温度範囲を大きく変えて使用する場合には，過熱度を設定し直す必要がある．

(b) ガスチャージ方式

　ガスチャージ方式では，**冷媒液の封入量を少なく制限している**ので，感温筒温度がある限界以上に上昇すると，感温筒内の冷媒液はすべて蒸発して過熱蒸気となる．したがって，その温度以上になると，圧力がほとんど上がらなくなる．

　図 9.4 は，感温筒温度とチャージ冷媒圧力との関係を示したもので，感温筒内封入冷媒の液が蒸発してしまい，温度が上昇しても圧力がほとんど上昇しなくなる限界の圧力を**最高作動圧力**といい，一般に **MOP**（Maximum Operating

Pressure) 付き温度自動膨張弁と呼んでいる．

このように，ガスチャージ方式の膨張弁は封入冷媒量を少なく制限しているので，ヒートポンプ装置のように感温筒温度が高温になることがあってもダイアフラムを破壊しない．したがって，パッケージエアコンなどに使用されており，また，MOP 値よりも高い蒸発温度では弁が開かないという特性を利用して，始動時の液戻り防止や圧縮機駆動用電動機の過負荷防止などができる特徴をもっている．

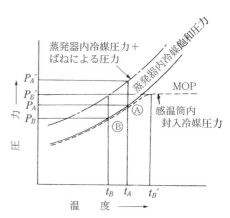

図 9.4 ガスチャージ方式膨張弁の特性

その反面，ガスチャージ方式の膨張弁の欠点は，ダイアフラム受圧部の温度を常に感温筒温度よりも高く維持しないと，感温筒内に冷媒液がなくなり，感温筒内が飽和圧力を保てなくなるので，膨張弁が正常に作動しなくなることである．

(c) クロスチャージ方式

クロスチャージ方式は，冷凍装置の冷媒とは異なる飽和圧力特性を有する媒体を感温筒内にチャージしたものである．図 9.5 に，クロスチャージ方式の例として，冷凍装置の冷媒および感温筒チャージ媒体の温度と飽和圧力との関係，ならびに膨張弁の過熱度との関係を示す．冷凍装置の冷媒 (R 134a) と感温筒チャージ媒体の飽和圧力曲線が交差しているので，この方式はクロスチャージ方式と呼ばれる．

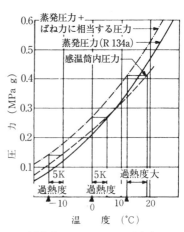

図 9.5 クロスチャージ方式

クロスチャージ方式は，温度帯域によって過熱度が大きく変わらず，低温から比較的高温までほぼ同じ過熱度設定値が保持できるという特徴をもつ．すなわち，広範囲の蒸発温度で運転されるような冷凍装置に対しても設定した過熱度の変化が少ない．このため，クロスチャージ方式は低温用冷凍装置に適している．

(3) 感温筒の取付け

感温筒は，蒸発器出口冷媒の温度を出口管壁を介して検知して，過熱度を制御するので，感温筒の取付けは重要である．

図9.6のように，感温筒と蒸発器出口管壁とは，伝熱がよくなるように完全に密着させ，銅バンドで確実に締めつける．もし，**感温筒が外れると膨張弁が大きく開いて液戻りを生じ**．また，**感温筒にチャージされている冷媒が漏れると膨張弁は閉じて**，装置の冷凍機能は消失する．

(a) 吸込み管径が20mm以下の場合

(b) 吸込み管径が20mmを超える場合

図9.6 感温筒の取付け方法

感温筒を冷却コイルのヘッダや吸込み管の液のたまりやすい箇所に取り付けると，蒸発器出口冷媒蒸気の正しい温度を検知できない．また，低温装置では，とくに感温筒は周囲の温度や風の影響を受けないように吸湿性のないもので，十分に防熱するとよい．

蒸発器出口で吸込み管を立ち上げるような場合には，感温筒は，液や油の溜まりを避けて，**図9.7**のように取り付ける．また，吸込み管に液ガス熱交換器がある水冷却器やブライン冷却器の場合，**図9.8**のように感温筒は蒸発器出口付近に取り付ける．

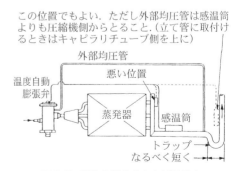

図9.7 吸込み管を立ち上げる場合

(4) **高低圧圧力差と弁容量**

温度自動膨張弁の容量（冷凍能力）は，弁開度と弁オリフィス口径が同じであっても，凝縮圧力と蒸発圧力の差，すなわち弁前後の高低圧間の圧力差によっても異な

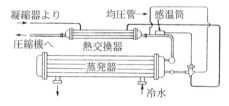

図9.8 吸込み管に熱交換器が付いた例

ってくる．表9.1に，蒸発温度と弁前後の圧力差の大きさによって，R 134a 用膨張弁の容量がどのように変わるかの一例を示した．

空冷凝縮器を用いた冷凍装置では，冬季に外気が低温になると，凝縮温度が低下するので，弁前後の圧力差が小さくなって，十分な冷媒流量が得られなくなることがある．この場合には，凝縮器の送風量を減少させたり，凝縮圧力調整弁を用いて凝縮圧力を高めることが必要になる（**9.5.3 参照**）．

(5) **弁容量の選定**

膨張弁の容量は，弁オリフィスの口径によって変わる．カタログなどに書かれている容量は，80％程度の弁開度のときの値を**定格容量**として示している．

蒸発器の容量に対して，**弁容量が過大なものを選定**すると，冷媒流量と過熱度が周期的に変動する**ハンチング**と呼ばれる現象を生じやすくなる．逆に，**小さ過ぎる容量の弁を選定**すると，一般にハンチングは生じにくくなるが，熱負荷が大きいときに**冷媒流量の不足**が生じ，過熱度が過大になる．

表9.1 弁前後の圧力差による膨張弁容量の変化割合の例

蒸発温度(℃) \ 圧力差(MPa)	0.2	0.4	0.6	0.8	1.0	1.2	1.4	1.6
10	0.659	0.868	1.00	1.11	1.17	1.22	1.25	1.26
0	0.563	0.743	0.859	0.940	1.00	1.04	1.06	1.08
−10	0.467	0.624	0.716	0.781	0.828	0.862	0.884	0.893
−20	0.403	0.513	0.584	0.635	0.672	0.699	0.717	0.726
−30	0.330	0.416	0.472	0.510	0.538	0.560	0.574	0.581
−40	0.268	0.338	0.379	0.409	0.430	0.447	0.459	0.464

9.1.2 電子膨張弁

電子膨張弁は，インバータエアコンのような広い運転条件の空調装置，あるいは温度自動膨張弁では適切な制御が困難となる低温凍結装置やショーケースなどに使用される．電子膨張弁によって，圧縮機やファンの回転数制御および温度・湿度制御と連動させて，最適な冷媒流量の制御が可能となる．

電子膨張弁は，その駆動方式によって，ステッピングモータ方式，電磁ソレノイド方式，バイメタル方式，封入ワックス方式などに分類される．これらのうち，ステッピングモータ方式の電子膨張弁が最もよく使用されている．ステッピングモータ方式の電子膨張弁は，駆動力の伝達の仕方によって，さらに直動式とギア式に分類される．直動式ではロータの回転動作が直接ニードルに伝達され，ギア式ではロータの回転動作がギアによって減速された後にニードルに伝達される．

図9.9に，ステッピングモータ方式の直動式電子膨張弁の構造を示す．ここでは，リードスクリュー付きロータの回転動作が上下運動動作に変換され直接ニードルに伝えられ，弁の開度が調節される．このステッピングモータ方式の電子膨張弁は，構造が簡単で比較的安価なことからパッケージエアコンやルームエアコンなどに広く使用されている．

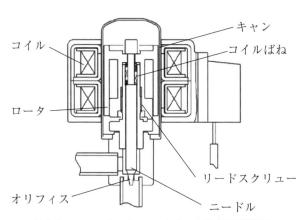

図9.9 ステッピングモータ方式の直動式電子膨張弁

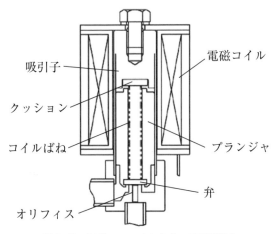

図9.10 電磁ソレノイド方式の電子膨張弁

図9.10に，電磁ソレノイド方式の電子膨張弁の構造を示す．その基本構造は電磁コイル，吸引子およびプランジャから構成されており，一般的な電磁弁と同じである．電磁ソレノイド方式は，ステッピングモータ方式と比べて，電源回路の簡単さ，応答速度の速さ，通電OFF時の冷媒遮断ができるなどの点で特徴をもち，主に冷凍・冷蔵装置に使用されている．

図9.11に，電子膨張弁システムの使用例を示す．電子膨張弁の開度は，蒸発器出口蒸気の過熱度を検知し，フィードバック制御される．まず，二つの温度センサが蒸発温度と蒸発器出口過熱蒸気温度を検出する．温度の検出値は過熱度コントローラに取り込まれ，あらかじめ設定した過熱度と比較される．その差異の大きさに応じて過熱度コントローラからの電気信号により弁の開度が制御される．電子膨張弁システムの温度センサおよび過熱度コントローラが温度自動膨張弁の感温筒の役割を担っている．温度センサにはサーミスタや白金抵抗体が用いられる．過熱度コントローラにはマイクロコンピュータが組み込まれている．マイクロコンピュータは，温度センサで検出した温度から蒸発器出口過熱蒸気の過熱度を計算し，あらかじめ設定された過熱度との偏差に応じて必要とされる弁開度の出力信号を送り出している．このような過熱度制御の他

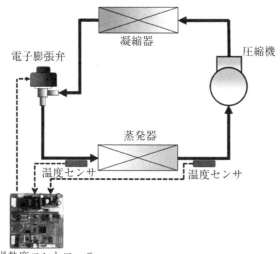

図 9.11 電子膨張弁システムの使用例

に，このマイクロコンピュータには，装置停止時の送液停止やポンプダウン操作などを行うプログラムを組み込むことができる．

9.1.3 定圧自動膨張弁

定圧自動膨張弁は図 9.12 のような構造で，蒸発圧力（蒸発温度）がほぼ一定になるように，冷媒流量を調節する蒸発圧力制御弁である．蒸発圧力が設定値よりも高くなると閉じ，逆に，低くなると開いて，**蒸発圧力をほぼ一定に保つ**．

蒸発器出口冷媒の過熱度は制御できないので，定圧自動膨張弁は熱負荷変動の小さい小形冷凍装置に用いられる．

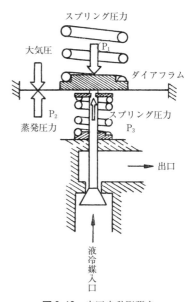

図 9.12 定圧自動膨張弁

9.2 キャピラリチューブ

家庭用電気冷蔵庫や小形ルームエアコンのような小容量の冷凍・空調装置には，膨張弁のかわりにキャピラリチューブが使われている．キャピラリチューブは，細い銅管を流れる冷媒の流れ抵抗による**圧力降下を利用して，冷媒の絞り膨張を行う**．この絞りは固定であり，キャピラリチューブの内径と長さ，並びに，その入口の冷媒液の圧力と過冷却度によって，流量がほぼ定まる．したがって，**蒸発器出口冷媒の過熱度の制御はできない**．

9.3 フロート弁

フロート弁は，フロート位置の変化によって弁開度を調整する構造になっており，冷媒流量の調節によって容器内の液面位置を制御するのに使用する．これには，高圧用と低圧用の2種類があり，構造を図9.13(a)および図9.13(b)に示す．

(a) **高圧用フロート弁**

高圧用フロート弁では，凝縮器からの冷媒液がフロート室を通って弁で絞り膨張して蒸発器に流れ，**高圧側の液面位置を制御**する．

(b) **低圧用フロート弁**

低圧用フロート弁は，満液式蒸発器や低圧受液器の**液面位置の制御**などに使用される．

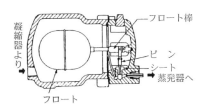

図9.13(a) 高圧用フロート弁

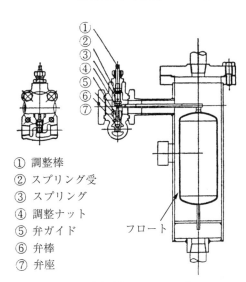

① 調整棒
② スプリング受
③ スプリング
④ 調整ナット
⑤ 弁ガイド
⑥ 弁棒
⑦ 弁座

図9.13(b) 低圧用フロート弁

9.4 フロートスイッチ

フロートスイッチは，満液式蒸発器内などの冷媒液面の位置を一定範囲内に保つための，電磁弁を開閉させるスイッチとして用い，これによって蒸発器に送る冷媒流量を調節する．

フロートスイッチは冷媒液面の上下の変化をフロートが検出し，これを電気信号に変換して電磁弁を開閉する．スイッチには，フロートの上部の電気接点を永久磁石の磁力により作動させる磁力式直接作動形（図9.14）と，上部のパイロットコイル内をフロートに付けた鉄心が上下することによって発生する電圧変化を増幅して，リレーを作動させる電子式遠隔作動形の2種類がある．

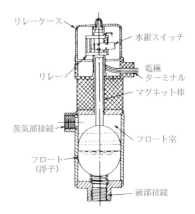

図9.14 フロートスイッチ
（磁力式直接作動形）

9.5 圧力調整弁

圧力調整弁には，低圧側用として**蒸発圧力調整弁**と**吸入圧力調整弁**が，また，高圧側用として**凝縮圧力調整弁**があり，これらは**冷凍装置の圧力制御**に用いられる．

9.5.1 蒸発圧力調整弁

蒸発圧力調整弁は，蒸発器の出口配管に取り付けて，蒸発器内の冷媒の蒸発圧力が**所定の蒸発圧力よりも下がるのを防止**する目的で用いる．図9.15に弁の構造を示す．冷媒蒸気の圧力とばね力のつり合いによって弁が開

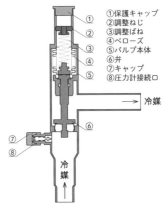

図9.15 蒸発圧力調整弁の構造

閉し，弁入口側の蒸発圧力が設定値よりも下がらないように作動する．この圧力調整弁は，温度自動膨張弁の感温筒と均圧管よりも下流側に取り付ける．

この圧力調整弁を用いると，単一の蒸発器をもった冷凍装置だけでなく，**図9.16**のような2基以上の蒸発器をもった冷凍装置において，それぞれ設定蒸発温度の異なる蒸発器を1台の圧縮機で運転することができる．

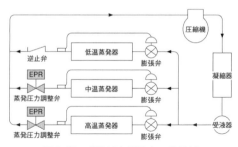

図9.16　蒸発圧力調整弁の使用例

9.5.2　吸入圧力調整弁

吸入圧力調整弁は，**図9.17**に示したように，弁の出口側の**圧縮機吸込み圧力が設定値よりも上がらないように調節**する．

そこで，この吸入圧力調整弁は，圧縮機の吸込み配管に取り付けると，圧縮機の容量を制御したり，始動時や蒸発器の除霜時の圧縮機駆動用電動機の過負荷運転を防止できる．

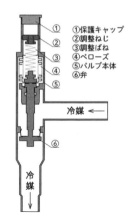

図9.17　吸入圧力調整弁の構造

9.5.3　凝縮圧力調整弁

空冷凝縮器を用いた冷凍装置では，外気温度によって凝縮圧力が変化する．冬季に，凝縮圧力が低くなり過ぎると，膨張弁前後の圧力差が小さくなり，膨張弁を流れる冷媒流量が不足することがあるので，凝縮圧力調整弁を用いて凝縮圧力を調節する必要が生じることがある．

図9.18に示したように，凝縮圧力調整弁は凝縮器出口に取り付ける．弁の設定圧力以下に凝縮圧力が低下すると，弁は閉じ始め，凝縮器から流出する冷媒液を減少させ，また，ホットガスを受液器にバイパスするように作動する．

115

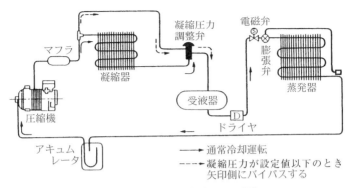

図9.18 凝縮圧力調整弁による制御

この弁の動作により,凝縮器内にはより多くの冷媒液が溜まり,凝縮の作用を行う有効な伝熱面積が減少し,凝縮器の能力が減少した状態になるので,**凝縮圧力を所定の圧力に保持する**ことができる.

9.5.4 容量調整弁

容量制御のひとつとして,バイパス式の容量制御方法がある.図9.19に,容量調整弁を用いたバイパス式容量制御の応用例を示す.図中(a)は,ホットガスを圧縮機吸込み蒸気管に直接バイパスさせて,容量低下に伴う圧縮機の停止を防ぐ方式のものである.このとき,容量調整弁は吸込み蒸気管の圧力低下により作動し開くようになっている.この方式の場合,バイパスにより吐出しガス温度が過度に上昇するという問題が起こる.そのため,バイパス量は,装置の運転条件によって異なるが,20～40%以下になるように抑制する必要がある.一

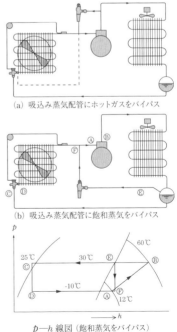

図9.19 バイパス式容量制御

方，図中(b)に示したバイパス方式では，$p-h$線図に示す受液器上部Ⓔから飽和蒸気をバイパスさせるので，吐出しガス温度の上昇は比較的抑えられる．

9.6 圧力スイッチ

圧力スイッチは，圧力の変化を検出して，電気回路の接点を開閉するもので，これによって圧縮機の過度の吸込み圧力低下や吐出し圧力上昇に対する保護，凝縮器の送風機の起動，停止などに使われる．

9.6.1 高圧圧力スイッチおよび低圧圧力スイッチ

図9.20に高圧圧力スイッチの構造，図9.21(a)にその動作を示した．

高圧圧力スイッチは，設定圧力よりも圧力検出用ベローズに作用する圧力のほうが高くなると，接点が開く高圧圧力遮断用である．

高圧圧力スイッチを保安の目的で**高圧遮断装置**として用いる場合は，原則として，**手動復帰式**を使用する．

また，低圧圧力スイッチは高圧圧力スイッチと同様な機構であるが，図9.21(b)のように，圧力変化に対する接点の開閉の作動は逆で，圧力が低下するとスイッチは開となり，過度の低圧運転を防止できる．

圧力スイッチには，**開と閉の作動の間に圧力差があり，この圧力差をディファレンシャル**と呼んでいる．圧力差をあまり小さくし過ぎると，

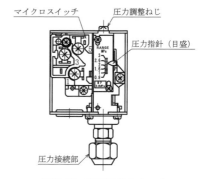

図9.20 高圧圧力スイッチ

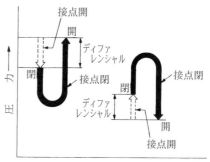

(a) 高圧遮断用　(b) 低圧遮断用

図9.21 圧力スイッチの接点の動作

圧縮機の運転,停止を短い間隔で繰り返す**ハンチング**が生じ,電動機焼損の原因になることがある.

9.6.2 高低圧圧力スイッチ

高低圧圧力スイッチ(**図9.22**)は,前項の高圧圧力スイッチと低圧圧力スイッチを一つにまとめた圧力スイッチであり,安全装置として使用する.吸込み圧力が一定圧以下に低下したときに,低圧側の圧力スイッチを開にして,また,吐出し圧力が異常に上昇したときに,高圧側の圧力スイッチを開にして,圧縮機の運転を停止させる.一般に,低圧側の圧力スイッチは,**自動復帰式**になっている.

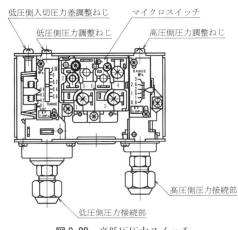

図9.22 高低圧圧力スイッチ

9.6.3 油圧保護圧力スイッチ

給油ポンプを内蔵している圧縮機では,運転中に何らかの原因によって,定められた油圧を保持できなくなると,圧縮機の焼付き事故を起こす恐れがある.このために,圧縮機を始動してから,または,運転中に一定時間(約90秒)経過しても給油圧力が,定められた圧力を保持できない場合には,圧縮機を停止させる.この油圧保護圧力スイッチは**手動復帰式**で,これを**図9.23**に示す.

給油圧力は油圧とクランクケース内圧力との間の圧力差であり,圧力スイッチはこの圧力差を検出し,圧力差が設定された値(0.15〜0.40 MPa)以下になると,ヒータでバイメタルを加熱して(約90秒の時間遅れ)接点を開き,圧縮機を停止させる.なお,差圧スイッチとタイマを組み合わせて同じ機能をもたせたものもある.

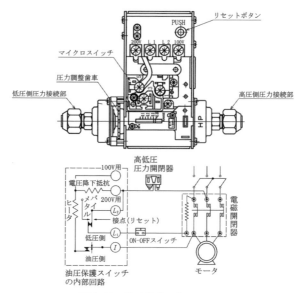

図 9.23 油圧保護圧力スイッチ

9.6.4 圧力センサ

圧力センサは，インバータによる圧縮機の回転数制御，電子膨張弁による冷媒流量制御，熱交換器ファンの回転数制御，室外機と室内機のバランス制御などの冷媒圧力の検出に必要とされる．圧力センサは，圧力の検出素子の違いから，拡散形半導体・ひずみゲージ式，セラミックダイアフラム・静電容量式，金属ダイアフラム・ひずみゲージ式などに分類される．圧力センサには，電圧出力タイプまたは電流出力タイプの2つがある．電圧出力タイプの場合，DC 1～5 V，DC 0.1～4.5 V，DC 0.5～3.5 V などのものがよく使われる．電流出力タイプの場合，出力電流範囲 4～20 mA のものが主流である．電圧出力タイプの圧力センサの概略を図 9.24 に示す．

9.7 電磁弁

電磁弁は，電気信号の入切によって配管内の冷媒の流れを遮断することがで

き，冷凍装置の自動運転には最も多く使用されている弁である．電磁弁はその用途，口径寸法によって多くの形式，種類があるが，主なものは，次の**直動式とパイロット式**である．

電磁弁は，**流れの方向**と逆に取り付けると，弁を閉じても流れを止めることはできない．

(a) **直動式電磁弁**

図9.25のように，電磁コイルに通電すると，磁場が作られてプランジャを吸引してニードル弁が開く．また，コイルの電源を切ると，プランジャの自重と上部のばねの反力によって弁は閉じる．この形式の電磁弁は，口径の小さなものに用いる．

(b) **パイロット式電磁弁**

弁口径の大きいものでは，**図9.26**のパイロット式電磁弁が用いられる．これは弁とプランジャが分離されており，プランジャは直動式と同様に作動し，主弁はその前後の圧力差によって開く．この圧力差は7〜30 kPa程度必要であり，圧力差が得られない場合には，直動式または無差圧形のパイロット式電磁弁を用いる．

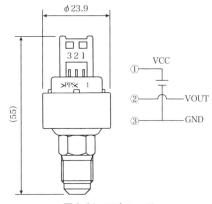

図9.24 圧力センサ

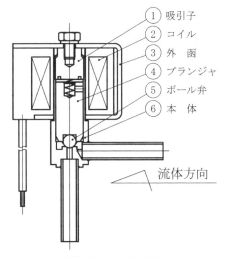

図9.25 直動式電磁弁

9.8 冷却水調整弁

冷却水調整弁は，水冷凝縮器の負荷が変化したとき凝縮圧力が一定値に保持

できるように，冷却水量を調節する．また，冷凍装置の運転停止時には冷却水の供給を止めるので，制水弁，節水弁とも呼ばれ，凝縮器の冷却水出口側に取り付ける．

冷却水調整弁には各種のものがある．図9.27(a)に，圧力作動形の冷却水調整弁の構造を示す．これは，凝縮圧力が設定圧力以上になると，弁が開き，冷却水の供給量を調節する．また，感温筒を用いて温度作動形とした冷却水調整弁もある（図9.27(b)）．

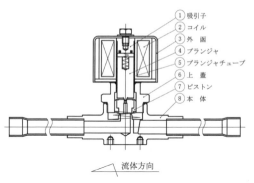

図9.26 パイロット式電磁弁

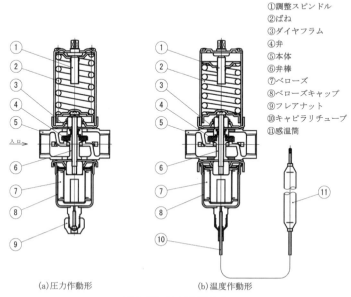

(a) 圧力作動形　　(b) 温度作動形

図9.27 冷却水調整弁

9.9 断水リレー

断水リレーは,水冷凝縮器や水冷却器で,断水または循環水量が減少したときに電気回路を遮断して,圧縮機を停止させたり,警報を出したりして装置を保護することを目的とした安全装置である.

断水リレーには,凝縮器や水冷却器を流れる循環水の圧力で開閉器を作動させるもの,あるいは図9.28

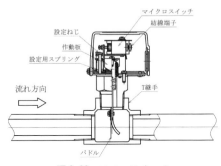

図9.28 フロースイッチ

のようなパドルで直接流れを検出するフロースイッチもあるが,いずれも水圧が作用していても水が流れていなければ検知する.水冷却器のように,断水により凍結の恐れのある装置では,とくにこれが必要である.

9.10 四方切換弁

四方切換弁は,冷暖房兼用ヒートポンプ装置やホットガスデフロストなどに用いられる.これによって,冷凍・空調サイクルの凝縮器と蒸発器の役割を逆にするために,冷媒の流れを切り換える.四方切換弁はパイロット弁とスライド弁付きの本体からなる.図9.29に,冷暖房兼用ヒートポンプ装置における四方切換弁内の冷媒の流れを示した.

四方切換弁では,切り換え時に高圧側から低圧側への冷媒の漏れが短時間起こるので,高低圧間に十分な圧力差がないと完全な切り換えができない.

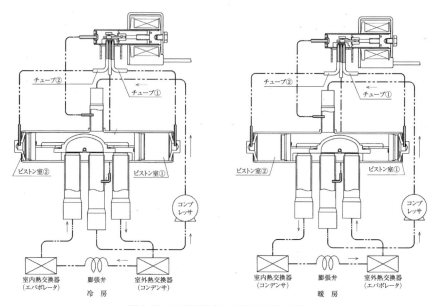

図 9.29　四方切換弁における冷媒の流れ

第10章 冷媒配管

10.1 冷媒配管の基本

冷凍装置の冷媒配管は，各機器間をつないで冷凍サイクルを構成するのに重要な役目をもち，**配管の良否が冷凍装置の性能に重大な影響を及ぼす**ので，配管の施工方法は細心の注意が必要である．とくに，冷媒の流れに**過大な圧力降下**が生じるような配管の方法は，絶対に避けなければならない．また，フルオロカーボン冷凍装置では，圧縮機の冷凍機油が冷媒とともに冷凍サイクル内を循環するので，常に**冷凍機油が圧縮機へ戻るように**しなければならない．

冷媒配管は，冷凍サイクルの各区分に応じて，次の4つに大別される．

［**高圧側**］

吐出しガス配管：圧縮機 → 凝縮器

液配管：凝縮器 →(受液器)→ 膨張弁

［**低圧側**］

液配管：膨張弁 →(低圧受液器)→ 蒸発器

吸込み蒸気配管：蒸発器 → 圧縮機

冷媒配管の基本的な留意事項は，次の通りである．

⑴ あらゆる使用条件で，十分な耐圧強度と気密性能を確保する．

⑵ 使用材料は，用途，冷媒の種類，使用温度，加工方法などに応じて選択する．

⑶ 機器相互間の配管長さは，できるだけ短くする．

⑷ 配管の曲がり部は，できるだけ少なく，かつ，曲がりの半径は大きくし，極力冷媒の流れ抵抗を小さくする．

⑸ 止め弁は，圧力降下が大きく，継手とともに冷媒漏れの原因になりやす

いので，これらはできるだけ数を少なくする．なお，弁のグランド部は下向きに取り付けない．

(6) 配管途中の周囲温度変化はできるだけ避ける．吸込み蒸気配管や液配管は，周囲温度が高いところ（ボイラ室など）を通すことを避ける．

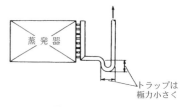

図 10.1　トラップ

(7) 冷媒配管内の冷媒の流速が適切であること．

(8) 横走り管は，原則として，冷媒の流れの方向に 1/150～1/250 の下り勾配を設ける．

(9) U トラップ（U字状の配管）や行き止まり管は，冷凍機油が溜まりやすいので，不必要に設けてはならない．とくに，吸込み蒸気配管では，横走り管に U トラップがあると，軽負荷のときや停止中に冷凍機油や冷媒液が溜まり，再始動時の液戻りを起こしやすいので好ましくない．このようなことを避けるために，図 10.1 に示すようにトラップを極力小さくする．

トラップが大きいと，トラップの底部に冷凍機油や冷媒液の溜まる量が多くなり，これが圧縮機始動時や，アンロードからフルロード運転に切り換わったときに，一挙に多量の液が圧縮機に吸い込まれて液圧縮の危険が生じる．しかし，図のような小さなトラップにすると，一度に吸い込まれる冷凍機油や冷媒液の量が少ないから液圧縮の危険が減る．

(10) 圧縮機，凝縮器，蒸発器などを 2 台以上 1 組として並列運転するときは，とくに冷媒や冷凍機油がいずれかの機器にかたよったり，圧力が不均一になったりしないように，注意して配管しなければならない．

(11) 距離の長い配管では，温度変化による管の伸縮を考慮して，配管はループを設ける．また，支持金具により適切な間隔で支えて，振動やたわみを防止する（表 10.1 参照）．

(12) 配管が傷つきやすい所には，保護カバーを設ける．また，通路を横切るときには，床上 2 m 以上の高さにするか，強固な床下ピット内に収め，床

表 10.1 配管の支え距離

管の外径 (mm)	銅管	−	φ20以下	φ21〜30	φ31〜40	φ41〜50	φ51〜60	φ61〜70	φ71〜80	φ81〜90	φ91〜120	φ121〜150
	鋼管	φ20以下	φ21〜40	φ41〜60	φ61〜80	φ81〜100	φ101〜120	φ121〜140	φ141〜150	−	−	−
支えの最大距離 (m)		2	2.5	3	3.5	4	4.5	5	5.5	6	6.5	7

コンクリート内の埋設配管はしてはならない.

(13) そのほか法規,規格などに定められた技術基準に適合すること.

10.2 配管材料

冷媒配管に使用する材料は,次の条件を満足することが大切である.

(1) 冷媒と冷凍機油の化学的作用によって,劣化しない.

(2) 冷媒の種類に応じた材料を,選択して使用する.とくに,以下の冷媒と材料の組み合わせは腐食防止のため使用してはならない.

アンモニア:銅および銅合金

フルオロカーボン:2%を超えるマグネシウムを含有したアルミニウム合金

(3) 可とう管(フレキシブルチューブ,ゴム管など)は,十分な耐圧強度をもつこと.

(4) 低圧(低温)の配管には,低温ぜい性の生じない材料を使用する.なお,配管用炭素鋼鋼管(SGP)は −25 ℃,圧力配管用炭素鋼鋼管(STPG)は −50 ℃までは使用できる.

(5) 配管用炭素鋼鋼管(SGP)は,毒性をもつ冷媒,設計圧力が 1 MPa を超える耐圧部分,温度が 100 ℃を超える耐圧部分のいずれにも使用できない.

(6) 銅管および銅合金管は,継目無管の使用が望ましい.アルミニウム管は継目無管を用いる.

10.3 止め弁および管継手

冷凍装置に用いる**止め弁**には，弁棒と弁箱とのシールを，パッキン押え（グランド）でパッキン（グランドパッキン）を押圧して行い，弁棒部からの冷媒漏れを防ぐ**グランド式止め弁**（図10.2）がある．

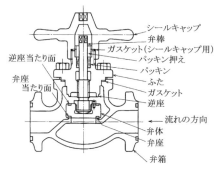

図10.2 グランド式止め弁（フランジ接続形）

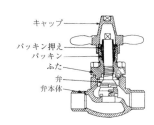

図10.3 グランド式止め弁（溶接接続形）

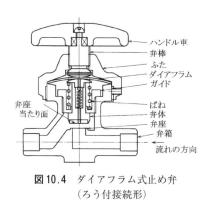

図10.4 ダイアフラム式止め弁
　　　　（ろう付接続形）

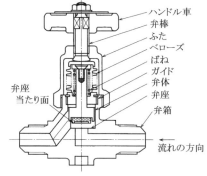

図10.5 ベローズ式止め弁（フレア接続形）

冷媒と弁棒部分を遮断するためには，逆座（バックシート）を設け，止め弁を全開にして弁棒側を閉止する．また，ベローズやダイヤフラムを設けて，冷媒と弁棒部分を完全に遮断する構造のものが**ダイアフラム式止め弁**（図10.4）や**ベローズ式止め弁**（図10.5）であり，これらの形式は**パックレス形バルブ**とも呼ばれる．

弁の開閉は，ハンドル車で行うが，図10.2のようにシールキャップの形式で，冷媒の外部漏れを遮断する形式がある．

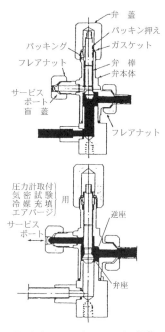

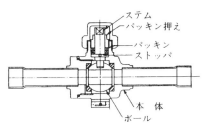

図10.7 ボールバルブ（ろう付接続形）

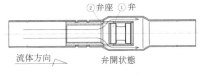

図10.8 逆止め弁

図10.6 サービスバルブの操作

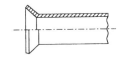

図10.9 銅管のフレア加工

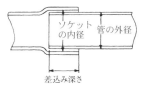

図10.10 フレアナットおよびフレア管
　　　　 継手端部の形状

管の外径 (mm)	最小差込み深さ (mm)	隙　間 (mm)
5以上 8 未満 8 〃 12 〃	6 7	0.05～0.35
12 〃 16 〃 16 〃 25 〃	8 10	0.05～0.45
25 〃 35 〃 35 〃 45 〃	12 14	0.05～0.55

隙間＝（ソケット部の内径）−（管の外径）

図10.11 銅管および銅合金管用ろう付
　　　　 継手の最小差込み深さ

図 10.6 はサービスバルブで, 通常の開閉ライン以外に, 逆座を設けたサービスポートをもち, 圧力計の取り付けや気密試験のためのガス充填, 冷媒充填, エアパージなどのサービスのための作業を行うことができる.

これ以外には, 冷媒の流れの抵抗が他のバルブに比べて小さいフルポートサイズの口径をもつボールの回転で開閉を行うボールバルブ（図 10.7）がある. 冷媒の逆流を防止するための弁が逆止め弁である（図 10.8）.

弁と管との接続方法（管継手という）には, フランジ式, フレア式, 溶接式, ろう付式などがある. 図 10.9 と図 10.10 にフレア管継手類のフレア加工やフレア管継手の形状, 図 10.11 にろう付継手の差し込み形状を示す.

フルオロカーボン冷凍装置において, 銅管の管径が 19.05 mm までの小口径の配管では, 銅管の管端をフレアツールでフレア加工を行なうフレア管継手で接続するか, ろう付継手で接続する.

ろう付継手に銅管を差し込んで, その隙間に銀ろうや黄銅ろうなどのろう材を溶かして溶着させる作業を, ろう付けという. なお, このろう付け作業では, 配管内に窒素ガスを流して（窒素ブローという）, 配管内に酸化皮膜生成をさせないことにより, 電磁弁, キャピラリチューブ, 膨張弁などの詰まりを防ぐようにする.

10.4　吐出しガス配管

10.4.1　吐出しガス配管のサイズ

吐出しガス配管（圧縮機 → 凝縮器）の管径は, 冷媒ガス中に混在している冷凍機油が確実に運ばれるだけのガス速度を最小とし, かつ, 過大な圧力降下と騒音を生じないガス速度を上限として決定する.

(1)　吐出し管径は, 冷凍機油が確実に運ばれるガス速度（横走り管では約 3.5 m/s 以上, 立ち上がり管では約 6 m/s 以上）が確保できるサイズとする.

(2)　過大な圧力降下および騒音を生じない程度にガス速度を抑える. 一般に, ガス速度は 25 m/s 以下がよい.

(3)　吐出しガス配管における摩擦損失による圧力降下は, 20 kPa を超えな

129

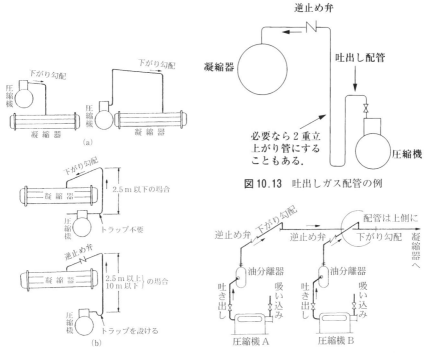

図 10.12 吐出しガス配管の立ち上がり

図 10.13 吐出しガス配管の例

図 10.14 圧縮機並列時の吐出しガス配管の例

いことが望ましい．

10.4.2 圧縮機への冷媒液と冷凍機油の逆流防止

圧縮機が停止中に，配管内で凝縮した冷媒液や冷凍機油が圧縮機へ逆流しないようにすることは，吐出しガス配管の施工上重要なことである．

(1) 圧縮機と凝縮器が同じレベルの場合は，できるだけ低く抑えた立ち上がり配管を設けてから，**下がり勾配**をつけて凝縮器に接続する．また，圧縮機が凝縮器よりも高い位置にある場合は，吐出し配管が横向きである場合は，そのまま**下がり勾配**で接続する（**図 10.12** (a)）．

(2) 凝縮器が圧縮機よりも高い位置に配置されている場合には，**図 10.12** (b) のように立ち上がり配管を設け，下がり勾配で接続する．なお，その高低

差の大きさに応じてトラップや逆止め弁を取りつける.

(3) 年間を通して運転をする装置では, 冬期の圧縮機停止中に, 凝縮器内の冷媒液が蒸発して温度の低い吐出しガス配管や圧縮機頭部で冷媒ガスが凝縮し, 冷媒液が溜まることがないように, 吐出しガス配管上部に逆止め弁を設ける (**図 10.13**).

(4) 2台以上の圧縮機の並列運転を行う場合には, それぞれの圧縮機の吐出し管に逆止め弁を設ける (**図 10.14**).

(5) 並列運転を行う圧縮機吐出し管は, それぞれ主管の上側から接続する(**図 10.14**).

10.5 高圧側配管

10.5.1 液配管サイズ

高圧液配管 (凝縮器 → 膨張弁) は, 吐出しガス配管や吸込み蒸気配管のような流速による油戻しの問題はないので, その管径は冷媒液が**フラッシュ (気化)** するのを防ぐために, 流速はできるだけ小さくして, 圧力降下が小さくなるように決定する.

(1) 液配管内の冷媒の流速は, 1.5 m/s 以下にする.

(2) 液配管の流れの抵抗による圧力降下は, 20 kPa 以下になるような管径にする.

10.5.2 フラッシュガス発生の原因とその防止対策

高圧液配管内にフラッシュガスが発生する原因には,

(1) 飽和温度以上に, 高圧液配管が温められた場合.

(2) 液温に相当する飽和圧力よりも液の圧力が低下した場合.

の二つがある.

これらのことを $p-h$ 線図で説明すると, 次のようになる.

図 10.15 において, 高圧冷媒液が外部から温められ (たとえば, 液配管がボイラ室を通るような場合), 点 A から点 E に向かって温度が上昇し, 点 C に到達す

ると飽和液，さらに温められると点Gになる．この点Gではフラッシュガスが発生することになる．

また，液配管内で圧力降下が大きかったり，液配管に大きな立ち上がり部があれば，それの高さによる圧力降下が生じる．これらの圧力降下により圧力は点Aから点Dに向かって低くなる．さらに圧力が点B（飽和圧力）より下って点Fの圧力になると，フラッシュガスが発生する．

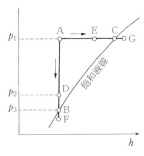

図 10.15 フラッシュガスの発生

高圧冷媒液配管内に，フラッシュガスが発生すると，
(1) 配管内の冷媒の流れ抵抗が大きくなって，フラッシュガスの発生がより激しくなる．
(2) 膨張弁の冷媒流量が減少して，冷凍能力が減少する．
(3) 膨張弁の冷媒流量が変動して，安定した冷凍作用が得られなくなる．

一般に，凝縮器出口の冷媒液は 3～5 K 程度過冷却されているので，液配管の圧力降下が小さければ，フラッシュガスは発生しにくい．しかし，液配管の周囲温度が飽和温度よりも高くなる場合には，液配管に防熱を行う必要がある．また，最近の冷凍空調装置では長液配管になる場合があり，圧力降下が大きいので，液ガス熱交換器を設けてフラッシュガスの発生を防止する（**8.4 節参照**）．

10.5.3 凝縮器からの冷媒液流下管と均圧管

凝縮器と受液器を接続する**液流下管**は，十分に太くして自然に冷媒液を流下させるか，あるいは**均圧管**を設ける．もし，均圧管がないと，凝縮器から液が受液器に流下しにくくなる（**図 10.16 参照**）．

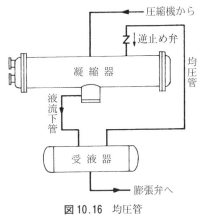

図 10.16 均圧管

10.6　低圧側配管

10.6.1　吸込み蒸気配管サイズ

吸込み蒸気配管（蒸発器 → 圧縮機）の管径は，吐出しガス配管と同じように，冷媒蒸気中に混在している**冷凍機油を，最小負荷時にも確実に圧縮機に戻せるような蒸気速度**を確保し，かつ，過大な圧力降下が生じない程度の蒸気速度を上限として決定する．

(1)　フルオロカーボン冷媒の蒸気中に混在している冷凍機油が，確実に運ばれるだけの蒸気速度（横走り管では約 3.5 m/s 以上，立ち上がり管では約 6 m/s 以上）を確保する．

(2)　過大な圧力降下と騒音が生じない程度に，蒸気速度を抑える．

(3)　吸込み蒸気配管において，摩擦損失によって生じる圧力降下が，吸込み蒸気の飽和温度の 2 K に相当する圧力降下を超えないようにする．

10.6.2　吸込み蒸気配管の防熱

吸込み蒸気配管は，管表面における**結露**あるいは**着霜**を防止し，吸込み蒸気温度の上昇を防ぐために，防熱を施す．防熱が不完全であると，吸込み蒸気温度が上昇する．その結果として，圧縮機の吐出しガス温度が通常よりも高くなって油を劣化させたり，冷凍能力を減少させることになる．

10.6.3　油戻しのための配管

(1)　二重立ち上がり管

容量制御装置をもった圧縮機の吸込み蒸気配管では，**アンロード運転での立ち上がり管における冷凍機油の戻りが問題**になる．全負荷（100％ロード）のときに管内蒸気速度を 20 m/s とすると，圧縮機が 33％ロード以上のアンロード運転では油戻しが可能な管内蒸気速度を保てるが，33％ロード以下のアンロード運転では油戻しが可能な蒸気速度を保てなくなる．一方，33％ロード以下のアンロード運転時でも油戻しが可能な管内蒸気速度を確保しようとすると，全

負荷運転時には過大な管内蒸気速度となり，圧力降下や騒音が大きくなる．

この問題を解決するために考えられたのが，二重立ち上がり管である．この**二重立ち上がり管**は，**図10.17**のように配管を行い，**最小負荷と最大負荷の運転のとき管内蒸気速度を適切な範囲内にする**ことができる．

なお，容量可変幅の大きい冷凍空調装置では，定期的に短時間の全負荷運転による油戻し運転が行われる．

(2) Uトラップの回避

横走り管中にUトラップがあると，軽負荷運転時や停止時に冷凍機油や冷媒液がたまって，**圧縮機の再始動時に液圧縮の危険**が生じる．とくに，圧縮機の近くでは，このUトラップを避けるようにする（**図10.18，図10.19**）．

(3) 吸込み立ち上がり管の中間トラップ

吸込み蒸気配管の立ち上がりが非常に長い場合には，約10mごとに**中間のトラップ**を設ける．これは**冷凍機油を戻りやすくする**ためである（**図10.20**）．

(4) 吸込み主管への接続

複数の蒸発器から吸込み主管にはいる管は，主管の上側から接続する．これ

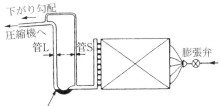

図10.17 二重立ち上がり管

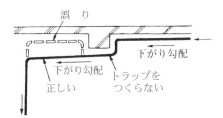

図10.18 配管中のトラップ

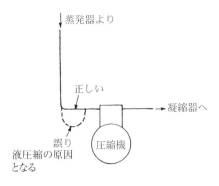

図10.19 圧縮機吸込み口近くのトラップ

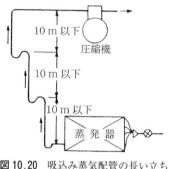

図 10.20　吸込み蒸気配管の長い立ち
　　　　上がり

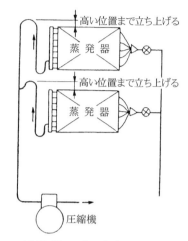

図 10.22　2 台の蒸発器の吸込み
　　　　蒸気配管

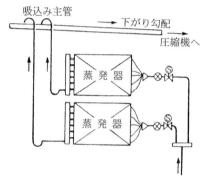

図 10.21　独立した吸込み蒸気配管の立ち
　　　　上がり

は，蒸発器が無負荷になったとき，主管の冷凍機油や冷媒液が蒸発器に流れ込むのを防ぐためである（図 10.21）．

(5) **並列運転の吸込み立ち上がり管**

　図 10.21 のように各独立した立ち上がり管を設けて置くと，片方の蒸発器が無負荷になっても，立ち上がり管中の蒸気流速は変わらないので冷凍機油の戻りがよい．また，図 10.22 のように 2 台の蒸発器が異なった高さにあり，圧縮機がそれよりも下側にある場合は，停止中に冷凍機油が逆流しないように，吸込み蒸気配管を蒸発器よりも高く立ち上げてから圧縮機へ接続する．

第11章　材料の強さと圧力容器

11.1　材料力学の基礎

11.1.1　応力

材料に外力が加えられたときに，その材料の内部に発生する単位断面積当りの抵抗を**応力**と呼び，一般に応力の**単位は (N/mm²)** を用いる.

例えば，一辺が 1 cm の正方形の角棒の一端を固定し，他端から 3000 N の外力で引っ張る. このとき角棒の断面には，角棒を引き延ばそうとする応力 3000 N/cm² ＝ 30 N/mm² が，角棒の内部に生じる.

上の例のように，外力が引っ張る方向にかかる場合には**引張応力**，また押し縮める圧縮方向にかかる場合には**圧縮応力**が生じる.

応力の記号は σ ［単位として (N/mm²)］を用い，**外力を $F(N)$**，また**断面積を $A(\text{mm}^2)$** とすると，**応力は $\sigma = F/A$** で表せる. そこで，材料にかかる外力が大きいと，また断面積が小さいと応力は大きくなる. ここに，力の単位の N はニュートンと読む.

圧力容器で耐圧強度に関係するのは，一般に引張応力である.

11.1.2　ひずみ

材料が引っ張られると，その材料は伸びる. 力がかかる以前の元の材料の長さを l，力がかかって Δl だけ伸びて $(l+\Delta l)$ になったとすると，このときの**伸びる割合 $\varepsilon = \Delta l / l$ をひずみ**という.

11.1.3 応力とひずみの関係

図11.1は，鋼材における引張応力とひずみの関係を示した図で，**応力-ひずみ線図**という．引張応力がある限界を超えると断面積は縮小するが，この図では，断面積が最初と変わらないものとして，応力を求めて示してある．

断面積の縮小を考慮した真の応力-ひずみの関係の曲線は，材料の降伏点から破断するまで右上がりの曲線になる．

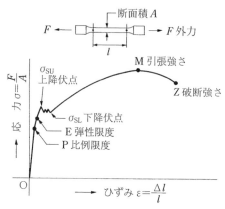

図11.1 応力-ひずみ線図

引張荷重を作用させた後，荷重を静かに除去したときに，元の寸法に戻ることができ，応力とひずみの関係が直線的で比例する限界（点P）を**比例限度**という．また，比例しなくなるが，引張荷重を取り除くとひずみがもとに戻る限界（点E）を**弾性限度**という．

弾性限度以上にさらに引張荷重を増大すると，応力のわずかな増加あるいは増加することなしにひずみが急激に増すようになり，荷重を取り除いてもひずみが残って元の材料の長さに戻らなくなる．（永久変形が残る．）この点の応力を**降伏点**という．鋼材では，この降伏点が明確に現れ，材料の強さの目安になる．

銅のように，降伏点があまり明確に現われない材料のときは，応力を取り去ったときにひずみが0.2 %残る応力を降伏点といい，**0.2 %耐力**ともいう．さらに，荷重を増加すると，大きな塑性ひずみ（永久変形）を生じてひずみが増大し，ついには材料が破断（点Z）する．このようにして，鋼材が破断するまでに現れる**最大引張応力（点M）を引張強さ**（極限強さ）という．

11.1.4 許容引張応力

構造物，たとえば圧力容器を設計するとき，材料の引張強さの値を用いて設

計することは容器が破壊する恐れがあり，発生する応力に余裕をもって設計する必要がある．

そこで，圧力容器において，その材料に生じる応力は，前項の材料の応力－ひずみ線図における**比例限度**以下の，適切な応力の値に収まるように設計しなければならない．

一般に使用されている鉄鋼材料は，材料の種類ごとに**日本産業規格（JIS）**に引張強さの最小値が規定されている．

この規格に定められている**引張強さの，一般に 1/4 の応力を許容引張応力**として，材料に生じる引張応力が，この**許容引張応力以下**になるように**設計する**．

11.2　冷凍装置用材料

11.2.1　材料一般

冷凍装置（冷媒設備）に使用される材料のほとんどは金属材料であるが，ガスケットや密閉圧縮機の電動機巻線の絶縁材などにはいろいろな材料が使用されている．使用材料は実用の状態で冷媒や冷凍機油に対して化学的，物理的に安定なものでなければならない．

(1)　フルオロカーボンとアルミニウム合金

フルオロカーボン冷媒は，鋼，銅，黄銅など広く使用されている材料に対して安定であるが，マグネシウムを含有するアルミニウム合金に対しては腐蝕性がある．従って，**2％を超えるマグネシウムを含有するアルミニウム合金**をフルオロカーボン冷凍装置に使用することはできない．金属に対する腐食性は，冷媒に混入した水分などの不純物によっても大きく左右される．

(2)　アンモニアと銅合金

アンモニアは，**銅および銅合金に対しては**，特に水分が共存するときに激しい**腐蝕性**があるので，アンモニア冷凍装置にこれらの材料を使用することはできない．ただし，圧縮機の軸受またはこれらに類する部分であって，常時油膜に覆われ，アンモニア液に直接接触することがない部分には，

青銅類を使用することができる.

(3) ゴムの膨潤

　フルオロカーボン冷媒はプラスチック,ゴムなどの有機物を溶解したり,その浸透によって材料を膨張させたりする(膨潤作用).ガスケット材料,密閉圧縮機用電動機巻線の絶縁材料,機能性部品などの構成材料の選定には十分な注意が必要である.一般的には,**HFC冷媒の膨潤作用はHCFC冷媒よりも小さい**.

11.2.2　材料記号

JISでは,材料記号が定められており,通常の冷凍装置に使用される主な**金属材料の記号**は,次のとおりである.

　　FC：ねずみ鋳鉄
　　SS：一般構造用圧延鋼材
　　SM：溶接構造用圧延鋼材
　SGP：配管用炭素鋼鋼管
STPG：圧力配管用炭素鋼鋼管

これらの材料記号の後の数字は,**最小引張強さ**を表す.たとえば,一般の圧力容器に使用される鋼材で**JISのSM 400 B材の最小引張強さは400 N/mm²**であり,**許容引張応力は400×(1/4)＝100 N/mm²**である.

　なお,フルオロカーボン冷凍装置の配管や凝縮器などの**冷却管**に最も多く使われるものは,**継目無銅管**(記号C 1220)である.

11.2.3　低温で使用する材料

　一般の鋼材は低温で脆くなる.これを**低温脆性**という.この低温脆性による破壊は,

　(a)　低温,

　(b)　切欠きなどの欠陥,

　(c)　引張りまたはこれに類似した応力がかかっている,

などの場合に，**衝撃荷重**などが引き金となって，降伏点以下の低荷重のもとで突発的に発生し，亀裂の進行速度が極めて速いので，**瞬間的に大きな破壊**を起こす．

　しかし，冷凍装置では，次の(1)や(2)のような条件のもとで運転されるので，とくに超低温の装置以外では，低温用材料を使用しなくてもよい場合がある．なお各種の鉄鋼材料について，**冷凍保安規則関係例示基準**で**最低使用温度**が規定されている．

(1) 低温では，冷媒の飽和圧力が低くなり，材料に大きな引張応力は生じにくい．圧力が高く，引張応力が大きくなるのは高圧側であり，高圧側では低温にならない．低圧側でも運転停止中は圧力が高くなるが，このときには温度も上昇している．

(2) **低圧側の圧力容器の設計圧力**は，運転停止中に高くなることを考慮して決めているので，容器の耐圧強度が高く，**低温になっても引張応力は非常に小さいか**，または，内部が大気圧以下の真空になるので，むしろ圧縮応力になる．

11.3　冷凍装置の設計圧力と許容圧力

11.3.1　高圧部と低圧部の区分

圧縮機を用いる冷凍装置では，圧縮機により凝縮圧力まで圧縮され，**吐き出された冷媒が膨張弁に到達するまでの間が高圧部**である．また，**膨張弁で蒸発圧力まで減圧された冷媒が圧縮機に吸い込まれるまでが低圧部**である（**図 11.2**）．

　二段圧縮（または二元冷凍）の装置では，高圧段（高温側）の圧縮機の吐出し圧力を受ける部分を高圧部とし，その他を低圧部として取り扱う（冷凍保安規則関係例示基準 8.2 (5) 備考）．

　なお，強度や保安について考えるときの圧力は，**設計圧力も許容圧力もゲージ圧力**である．

11.3.2 設計圧力

冷凍保安規則関係例示基準表19.1に記載の冷媒と，記載されていない冷媒とで，設計圧力の定め方が異なる．(表11.1(a),表11.1(b)参照)

(1) 冷凍保安規則関係例示基準表19.1に記載の冷媒の場合

設計圧力は，冷凍保安規則関係例示基準19(1)に示されているとおり，圧力容器などの設計において，その各部について，

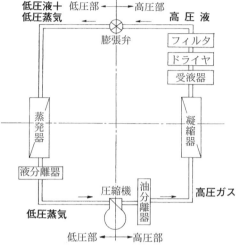

図11.2 冷凍サイクルの圧力区分

必要厚さの計算または耐圧強度を決定するときに用いる圧力で，表11.1(a)に示す．ただし，

1) 冷凍装置の凝縮温度が，表11.1(a)に掲げる**基準凝縮温度以外**のときは，**最も近い上位の温度に対応する圧力**をもって，その冷媒設備の高圧部の設計圧力とする．

2) 通常の運転状態における**凝縮温度が65℃を超える冷凍装置**では，その**最高使用温度における冷媒の飽和蒸気圧力以上**の値をもって，その冷凍装置の高圧部の設計圧力とする．

3) **冷媒の充填量を制限**して，一定の圧力以上に上昇しないように設計した冷凍装置の低圧部の設計圧力は，表の値にかかわらず，**制限充填圧力以上の圧力**とすることができる．

高圧部の設計圧力は，表11.1(a)に示したように，**基準凝縮温度**によって区分されている．これは，装置を運転しているときの最高使用圧力が設計圧力と考えているからである．

表 11.1 (a)　設計圧力（冷凍保安規則関係例示基準 表 19.1 に記載の冷媒の場合）

冷媒の種類	高圧部設計圧力（単位 MPa）						低圧部設計圧力（単位 MPa）	備　　考
	基準凝縮温度							
	43℃	50℃	55℃	60℃	65℃	70℃		
R 12	1.30	1.30	1.30	1.5	1.6	—	0.8	冷凍保安規則関係例示基準19 (1)による
R 13	4.0	—	—	—	—	—	4.0	
R 22	1.6	1.9	2.2	2.5	2.8	—	1.3	
R 114	0.28	0.4	0.48	0.54	0.61	—	0.28	
R 500	1.42	1.42	1.6	1.8	2.0	—	0.91	
R 502	1.7	2.0	2.3	2.6	2.9	—	1.4	
アンモニア	1.6	2.0	2.3	2.6		—	1.26	
二酸化炭素	8.3	—	—	—	—	—	5.5	

基準凝縮温度の区分の目安は，次のとおりである．

基準凝縮温度	使用する凝縮器
43℃	水冷式，蒸発式
50℃	水冷式（節水形）
55℃	空冷式
60℃	空冷式，ヒートポンプ
65℃	車両用，クレーンキャブクーラ

冷凍装置は運転中，低圧部は低温・低圧になるが，長時間停止すると低圧部の圧力は周囲温度に対応する飽和圧力になることがある．このため，周囲温度を約 38℃として，その飽和圧力を低圧部の設計圧力としている．

(2)　HFC 冷媒など冷凍保安規則関係例示基準 表 19.1 に記載のない冷媒の場合

共沸または非共沸混合冷媒など HFC 冷媒で，冷凍保安規則関係例示基準 19.1 の表に示されていない冷媒の設計圧力については，平成 8 年の改正により、以下の1) と2) の内容に変更となった。（**表 11.1** (b)参照）

表 11.1 (b) 設計圧力（HFC 冷媒およびその混合冷媒）

冷媒の種類	高圧部設計圧力（単位 MPa）[※1]						低圧部設計圧力（単位 MPa）	備　　考
	凝縮温度							
	43℃	50℃	55℃	60℃	65℃	70℃		
R 32	2.57	3.04	3.42	3.84	4.29	4.78	2.26	冷凍保安規則関係例示基準による冷媒定数の標準値（平成 8 年改正）
R 134 a	1.00	1.22	1.40	1.59	1.79	2.02	0.87	
R 404 A	1.86	2.21	2.48	2.78	3.11	—	1.64	
R 407 C	1.78	2.11	2.38	2.67	2.98	3.32	1.56	
R 410 A	2.50	2.96	3.33	3.73	4.17	—	2.21	
R 507 A	1.91	2.26	2.54	2.85	3.18	—	1.68	

※ 1：高圧部および低圧部の設計圧力は、**表 11.1 (b)**に示す凝縮温度に相当する飽和圧力（非共沸混合冷媒ガスにあっては、気液平衡状態の液圧力）とすることが望ましいが、中間温度を採用する場合は表の圧力値から内挿することとする。

1) **高圧部設計圧力**

次のうち，いずれか**最も高い圧力以上の圧力**を**高圧部の設計圧力**とする.

①　通常の運転状態中に予想される当該冷媒ガスの最高使用圧力

②　停止中に予想される最高温度により生じる当該冷媒ガスの圧力

③　当該冷媒ガスの 43℃の飽和圧力（非共沸混合冷媒ガスにあっては，43℃の気液平衡状態の液圧力）

2) **低圧部設計圧力**

次のうち，いずれか**最も高い圧力以上の圧力**を**低圧部の設計圧力**とする.

①　通常の運転状態中に予想される当該冷媒ガスの最高使用圧力

②　停止中に予想される最高温度により生じる当該冷媒ガスの圧力

③　当該冷媒ガスの 38℃の飽和圧力（非共沸混合冷媒ガスにあっては，38℃の気液平衡状態の液圧力）

11.3.3 許容圧力

許容圧力とは，その設備が実際に許容できる圧力である．したがって，設計圧力をもとに計算して求められた板厚と同じならば，その圧力容器の設計圧力と許容圧力は等しくなる．

いま，余裕をもたせて，計算で決められた設計値以上の板厚にした場合には，その圧力容器の許容しうる最高の圧力（限界圧力）は設計圧力よりも大きくなることになるが，許容圧力は設計圧力よりも大きくなると考えてはならない．

すなわち，[**許容圧力**]とは，冷媒設備に係る高圧部または低圧部に対して現に許容しうる最高の圧力であって，**次の①または②の圧力区分のうちいずれか低いほうの圧力**をいうものとする．

　　① 設計圧力

　　② 腐れしろを除いた肉厚に対応する圧力

許容圧力は，すでに据え付けられた設備の耐圧試験圧力と気密試験圧力の基準であり，**安全装置の作動圧力の基準**にもなっている．

既存の圧力容器を他に転用するときには，まず，式（11.4）を使い，**腐れしろを表 11.3** から決めて，腐食して一番薄くなった部分の肉厚から圧力 p の値を逆算して，実際に許容しうる最高許容圧力（②腐れしろを除いた肉厚に対応する圧力）を求める．次に，その最高許容圧力よりも低くて，**表 11.1**(a), (b) の中で最も高い設計圧力が，その装置に適合しているかどうかを確認する必要がある．

11.4　圧力容器の強さ

11.4.1　薄肉円筒胴圧力容器に発生する応力

内面に圧力を受ける円筒胴，または，管に発生する応力について考える．

冷凍装置の圧力容器の胴板厚さは，胴の直径に比べてかなり薄い．したがっ

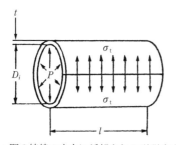
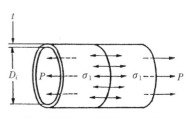

σ_t：胴の接線の方向に誘起される引張応力

図11.3 円筒胴の接線方向の応力

σ_l：胴の長手方向に誘起される引張応力

図11.4 円筒胴の長手方向の応力

て，このような薄肉円筒胴**圧力容器の胴板の内部に発生する応力**は，**図11.3**の**円筒胴の接線方向に作用する応力**と，**図11.4**の**円筒胴の長手方向に作用する応力**の，2種類の応力について考える．

11.4.2 接線方向に発生する応力

円筒胴圧力容器の断面は円形であり，内圧は円筒胴の内側に均等にかかっている．この内圧は，**図11.3**の胴を切り開こうとする力であり，その大きさは，$PD_i l$ である．この力を支えている板の断面積は胴の両側の断面で，$2tl$ である．したがって**円筒胴の接線方向の応力** σ_t は，

$$\sigma_t = \frac{PD_i l}{2tl} = \frac{PD_i}{2t} \quad (\text{N/mm}^2,\ \text{MPa}) \cdots\cdots\cdots\cdots\cdots\cdots (11.1)$$

となる．ここに，単位はそれぞれ，応力 σ_t は (N/mm²) または (MPa)，圧力 P は (MPa)，内径 D_i と板厚 t は (mm) である．

11.4.3 長手方向に発生する応力

円筒胴の長手方向に発生する**図11.4**の応力，あるいは，円筒胴の端部に取り付けられた鏡板の溶接継手部に発生する応力を考える．

円筒の内面積が $\pi D_i^2/4$ であるから，長手方向にかかる力は $P(\pi D_i^2/4)$ である．一方，この力を支えるのは，胴板断面積 $\pi D_i t$ とする．したがって，**円筒胴の長**

手方向の応力 σ_1 は，

$$\sigma_1 = \frac{P(\pi D_i^2/4)}{\pi D_i t} = \frac{PD_i}{4t} \quad (\text{N/mm}^2, \text{MPa}) \cdots\cdots\cdots\cdots\cdots\cdots (11.2)$$

となる．単位は式（11.1）と同じである．

式（11.1）と式（11.2）を比較すると，

$$2\sigma_1 = \sigma_t \cdots\cdots\cdots\cdots\cdots\cdots\cdots\cdots\cdots\cdots\cdots\cdots\cdots\cdots\cdots\cdots (11.3)$$

であり，円筒胴の接線方向の引張応力は，長手方向の引張応力の2倍になる．
これから，円筒胴の圧力容器の胴板に生ずる応力は，接線方向の応力が最大であり，この応力が許容応力を超えないようにする．**必要な板厚を求める際は，接線方向の応力を考えればよい**．

11.4.4 必要な板厚

冷凍保安規則関係例示基準では，次式によって必要な板厚を求めるように規定している．

$$t = \frac{PD_i}{2\sigma_a \eta - 1.2P} + \alpha \quad (\text{mm}) \cdots\cdots\cdots\cdots\cdots\cdots\cdots\cdots\cdots (11.4)$$

ここに，

P：設計圧力　（MPa）

D_i：内径　（mm）

σ_a：材料の許容引張応力　（N/mm^2）

η：溶接継手の効率

α：腐れしろ　（mm）

式（11.4）の第1項（αを除いた部分）は，**例示基準**では**最小厚さ**と呼んでいる．**溶接継手の種類と溶接継手の効率**については，**表11.2**のように規定されている．式（11.4）右辺の分母の第2項にある $-1.2P$ の項は，応力の計算における板厚の影響の補正である．

式（11.4）から円筒胴の直径が大きいほど，また，内圧が高いほど，必要とする胴の板厚は厚くなることが分かる．

表11.2 溶接継手の効率

号	溶接継手の種類	溶接継手の形状	溶接部の全長に対する放射線透過試験を行った部分の長さの割合	溶接継手の効率
1	突合せ両側溶接またはこれと同等以上とみなされる突合せ片側溶接継手	①突合せ両側溶接継手	1 1 未満 0.2 以上 0.2 未満	1.00 0.95 0.70
2	裏当て金を使用した突合せ片側溶接継手で，裏当て金を残す	②裏当て金を使用した突合せ片側溶接継手 裏当て金. 溶接後これを取り除いて，グラインダで面一に仕上げれば①と同等.	1 1 未満 0.2 以上 0.2 未満	0.90 0.85 0.65
3	突合せ片側溶接継手（前2号に掲げるものを除く）	③上記以外の突合せ片側溶接継手 十分な溶け込みがあると板の裏側にも溶け込みが出てくる.これを裏なみと呼んでおり，①と同等.		0.60
4	両側全厚すみ肉重ね溶接継手	④両側全厚すみ肉重ね溶接継手		0.55
5	プラグ溶接を行わない片側全厚すみ肉溶接継手	⑤片側全厚すみ肉溶接継手		0.45

容器の腐れしろは，**表11.3**のように規定されている．

実用的には，式（11.4）で求められた値以上の板厚の板を使用すればよい．

また，管の腐れしろは，**表11.4**のように規定されている．

表11.3　容器の腐れしろ

材　料　の　種　類		腐 れ し ろ（単位 mm）
鋳　鉄		1
鋼	直接風雨にさらされない部分で，耐食処理を施したもの	0.5
	被冷却液又は加熱熱媒に触れる部分	1
	その他の部分	1
銅，銅合金，ステンレス鋼，アルミニウム，アルミニウム合金，チタン		0.2

表11.4　管の腐れしろ

管　　の　　種　　類			腐れしろ（単位 mm）
ねじを切った鋼管	呼び径　40 A $(1\frac{1}{2}\text{B})$　以上		1.5
	呼び径　32 A $(1\frac{1}{4}\text{B})$　以下		1.0
ね じ の な い 管	鋼管	配管が直接風雨にさらされないもので，耐食塗装を施したもの	0.5
		その他のもの	1.0
	アルミニウム又はアルミニウム合金管，銅合金管，ステンレス鋼管又は外径が 15 mm 以下の耐食材料によるクラッド管		0.2
	ひれによって補強されるものであって，腐食のおそれのない管		0.1

(例題 11.1) HFC 冷媒の R407C を冷媒とする水冷凝縮器を用いた冷凍装置において，胴の内径 570 mm の受液器が必要とする胴の板厚を求めよ．ただし，胴板の材料は溶接構造用圧延鋼材 SM 400 B，溶接継手の効率は冷凍保安規則関係例示基準により 0.7 とし，腐れしろは 1 mm とする．また高圧部の設計圧力は当該冷媒ガスの 43 ℃ の飽和圧力とする．

（解） 受液器は高圧部であり，高圧部の設計圧力は当該冷媒ガスの 43 ℃ の飽和圧力とすることから**表 11.1 (b)**により設計圧力は $P=1.78$ MPa となる．

$D_i=570$ mm，$\sigma_a=100$ N/mm²，$\eta=0.7$，$\alpha=1$ mm であるから，式 (11.4) によって必要な板厚は，

$$t=\frac{PD_i}{2\sigma_a\eta-1.2P}+\alpha=\frac{1.78\times570}{2\times100\times0.7-1.2\times1.78}+1=8.36\fallingdotseq8.4 \text{ mm}$$

なお，必要板厚の計算において，**求められた数値の端数を丸める場合**には，端数を切り捨てたり，**四捨五入したりしてはならない**．安全側となるように**必ず切り上げなければならない**．

ここで，8.4 mm 以上の板厚であればよいことになるが，このような板は市販されていないので，材料規格の 9 mm 以上の板を使用する．

11.5 鏡板

圧力容器の鏡板には，種々の形状がある．冷凍装置に使われる圧力容器の鏡板の形状は，**図 11.5 のさら形**または**図 11.6 の半だ円形**が多い．同じ設計圧力で，同じ材質の場合，**鏡板の形状がさら形，半だ円形，半球形の順に，必要な板厚が薄くでき，半球形の場合が最も薄くできる**．これは，中央部の丸みの半径 R が小さく，隅の丸み r が大きいほど，各部に発生する応力が均一になってくるためである．

さら形鏡板において，**図 11.5 の隅の丸みの半径 r の値**が大きくなるにしたがって，中央部から円筒部に向かって滑らかに繋がっている．もし，R/r の値が大きくなると，隅の丸みの部分に局部的な大きな応力がかかる．また，応力集中は，形状や板厚が急変する部分やくさび形のくびれの先端部に発生しやす

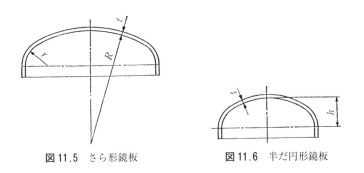

図11.5 さら形鏡板　　図11.6 半だ円形鏡板

い．したがって，形状の変化を滑らかにしてできるだけ応力集中がかからないようにしたほうが，必要な板厚が薄くてすむと同時に圧力容器はより安全になる．

第12章　保　安

　安全の確保，すなわち保安のためには，法規上の保安基準を満足することはもちろんのこと，自主的により一層の安全が図られなければならない．

　すなわち，**自主保安**が極めて重要である．また，冷凍・空調装置に関しては，大別して製造，据付け，運転および整備のそれぞれについて保安が必要であり，**高圧ガス保安法，同施行令，冷凍保安規則**および**冷凍保安規則関係例示基準**によることのほか，**冷凍空調装置の施設基準**（高圧ガス保安協会自主基準）を重要視することが大切である．

　この章では，これらのうち，保安に関して最小限必要な事項について述べる．

12.1　許容圧力以下に戻す安全装置

　法規による安全装置とは，前記の**例示基準**により［**許容圧力以下に戻すことができる安全装置**］として**高圧遮断装置**（図 9.20 圧力スイッチ），**安全弁**（**図 12.1**）（圧縮機内蔵形安全弁を含む.），**破裂板**（**図 12.3**），**溶栓**（**図 12.2**）または**圧力逃がし装置**（有効に直接圧力を逃がすことのできる装置をいう.）が定められ，**これらの設定圧力は許容圧力を基準として定められている**.

12.2　安全弁

12.2.1　安全弁の口径

　冷凍保安規則関係例示基準では，1 日の冷凍能力が 20 トン以上の圧縮機（遠心式圧縮機を除く）には，**安全弁を取り付けることが義務づけられている**.その**安全弁の口径**は，圧縮機のピストン押しのけ量に応じて定める.つまり，圧縮機の吐出し側が閉止（たとえば，吐出し側の止め弁の閉止など）されても，**圧縮機吐出しガスの全量を噴出させる**ことができるように定められている.

表 12.1　安全弁口径算出のための定数 C_1 および C_3 の値

冷媒の種類	C_1							C_3							備考
	高圧部						低圧部	高圧部							
	43℃	50℃	55℃	60℃	65℃	70℃		43℃	50℃	55℃	60℃	65℃	70℃		
R 22	1.6						11	8							冷凍保安規則関係例示基準8.6項および8.8項による
R 114	1.4						19	19							
R 500	1.5						11	9							
R 502	1.9						11	8							
アンモニア	0.9						11	8							
R 32	1.68	1.55	1.46	1.38	1.31	1.24	5.72	5.51	5.30	5.20	5.15	5.20	5.41		関係団体による冷媒定数の標準値
R 134 a	1.80	1.63	1.52	1.43	1.35	1.27	9.43	8.94	8.30	7.91	7.60	7.35	7.13		
R 404 A	1.98	1.82	1.72	1.62	1.54	—	8.02	7.78	7.54	7.49	7.58	7.97	—		
R 407 C	1.65	1.52	1.43	1.35	1.28	1.21	7.28	6.97	6.64	6.45	6.32	6.25	6.27		
R 410 A	1.85	1.70	1.60	1.51	1.43	—	6.46	6.27	6.10	6.05	6.13	6.45	—		
R 507 A	2.01	1.85	1.75	1.65	1.56	—	8.03	7.81	7.59	7.56	7.70	8.26	—		
R 1234yf	1.97	1.79	1.68	1.58	1.49	1.41	10.18	9.67	9.05	8.71	8.41	8.18	8.01		
R 1234ze(E)	1.84	1.66	1.55	1.45	1.36	1.28	11.07	10.43	9.60	9.13	8.70	8.33	8.04		

高圧部および低圧部設計の定数は，表に示す温度に相当する定数とすることが望ましいが，中間温度を採用する場合は，表の定数値から内挿することとする．

　また，**内容積 500 リットル以上の圧力容器**には安全弁の取付けが義務づけられている．その口径は，**容器が表面から加熱**（たとえば，火災などで）されても，内部の冷媒液温の上昇により冷媒の**飽和圧力が設計圧力よりも上昇すること**を**防止できる**よう定められている．

　圧縮機に取り付けるべき安全弁の口径は，式（12.1）により求まる d_1(mm) 以上でなければならない．

$$d_1 = C_1\sqrt{V_1} \cdots\cdots\cdots\cdots\cdots\cdots\cdots\cdots\cdots\cdots\cdots\cdots\cdots\cdots\cdots\cdots\cdots\cdots\cdots\cdots\cdots \text{(12.1)}$$

ここに，

　　d_1：安全弁の最小口径 (mm)

　　V_1：標準回転速度における 1 時間当たりのピストン押しのけ量 (m³/h)

　　C_1：冷媒の種類による定数（**表 12.1**）

この式から，圧縮機の安全弁の（最小）口径は，

　(a)　ピストン押しのけ量の平方根に比例し，

　(b)　冷媒の種類に応じて定まる．

ただし，蒸発温度が $-30\,℃$ 以下のときには，この口径を定める式の C_1 についての計算式が定められている.

法規上，**容器に取り付ける**ことが定められている**安全弁または破裂板**の口径は，式 (12.2) により求める.

$$d_3 = C_3\sqrt{DL} \quad\cdots\cdots\cdots\cdots\cdots\cdots\cdots\cdots\cdots\cdots\cdots\cdots\cdots\cdots\cdots\cdots\cdots\cdots\cdots\cdots\cdots \quad (12.2)$$

ここに，

d_3：安全弁または破裂板の最小口径 (mm)

D：容器の外径 (m)

L：容器の長さ (m)

C_3：冷媒の種類ごとに高圧部，低圧部に分けて決められた定数 (**表 12.1**)

なお，2個以上の容器を連結して共通の安全弁を設けるときは，それぞれの DL の値を合計したものを式 (12.2) の DL とする.

この式から，容器の安全弁の最小口径は，

(a) 容器の外径と長さの積 [単位はいずれも (m) であることに注意] の平方根に比例し，

(b) 冷媒の種類に応じて定まる.

(c) 高圧部と低圧部によって異なり，多くの冷媒では，低圧部のほうが大きいことがわかる.

なお，複数の安全弁を用いる場合にあっては，それぞれの口径部の断面積の合計を一つの安全弁の口径部の断面積と見なして求めた口径が式 (12.1) または式 (12.2) の口径以上であること.

12.2.2　吹始め圧力，吹出し圧力

冷凍保安規則関係例示基準では，**冷凍装置の安全弁の作動圧力とは，吹始め圧力および吹出し圧力**をいう.

安全弁の一般的な構造を，**図 12.1** に示す. 作動圧力は，図の上部のスピンドルを右回転（時計方向）するとばねの力が強くなり，高くなる.

機器内部のガス圧力が上昇して，設定された吹始め圧力に到達すると，微量

のガスが吹き出し始める．さらに圧力が上昇して，設定された吹出し圧力に到達すると，激しくガスが吹き出し，所定量のガスが噴出する．

圧縮機に取り付ける安全弁の作動圧力は，**冷凍保安規則関係例示基準**により，吹出し圧力と吹始め圧力について，次のように定められている．

圧縮機に取り付ける安全弁の吹出し圧力は，

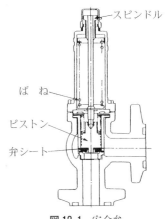

図12.1 安全弁

　　（圧縮機安全弁の吹出し圧力）≦（圧縮機吐出し側の許容圧力）×1.2

　　（圧縮機安全弁の吹出し圧力）≦（吐出し側の容器の許容圧力）×1.2

のうち，いずれか低いほうの吹出し圧力以下でなければならない．

　また，**圧縮機に取り付ける安全弁の吹始め圧力は，**

　　（吹出し圧力）≦（吹始め圧力）×1.15

でなければならない．

　容器に取り付ける安全弁の吹出し圧力は，

　　（高圧部容器の安全弁の吹出し圧力）≦（高圧部の許容圧力）×1.15

　　（低圧部容器の安全弁の吹出し圧力）≦（低圧部の許容圧力）×1.1

と定められている．

　例示基準にある「AはB以下」と「AはBを超えない」とは同じことで，いずれもAとBが同じ場合も含まれ，A≦Bで表す．

12.2.3　保安上の措置

　安全弁の各部のガス通路面積は，安全弁の口径面積以上でなければならない．

　安全弁は，作動圧力を設定した後，封印できる構造であることが必要であり，作動圧力を試験し，そのとき確認した吹始め圧力を，容易に消えない方法で本体に表示することが求められている．

安全弁を含む**安全装置の保守管理**に関しては，**危害予防規程**などで規定されているが，冷凍施設の保安上の検査基準では，**１年以内ごとに安全弁の作動の検査を行い，検査記録を残しておくこと**になっている．これは，第一種製造者に対するものであるが，一般的にも，この基準に従うのがよい．

また，安全弁には，修理等のために止め弁を設けるが，この止め弁は修理等のとき以外は常時開にし，「**常時開**」の表示をしなければならない．

安全弁の放出管は，冷凍装置の施設基準によるのが望ましいが，一般的に言えば，安全弁の口径以上の内径であり，噴出したガスが直接第三者に危害を与えないこと，フルオロカーボン冷媒では酸欠のおそれが生じないようにすること，アンモニア冷媒では**除害設備**内に開口部を設けることが必要である．

除害設備については冷凍保安規則関係例示基準（14.）に規定されている．

12.3　溶栓

内容積 500 リットル未満のフルオロカーボン冷媒用シェル形凝縮器，受液器および遠心冷凍設備のシェル形蒸発器などに取り付ける溶栓は，**図 12.2** のようにプラグの中空部に低い温度で溶融する金属を詰めたものである．

容器の中の冷媒が加熱されると飽和温度が上昇し，同時に飽和圧力も上昇する．圧力が過大に上昇する前に，温度によって溶栓中央の金属が溶融

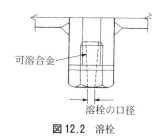

図 12.2　溶栓

し，内部の冷媒を放出することにより，安全を保つ．安全弁が圧力を直接検知して作動するのに対して，溶栓は温度の上昇を検知して，圧力の異常な上昇を防ぐように作動する．

溶栓の溶融温度は原則として 75 ℃以下である．ただし，75 ℃を超え，100 ℃以下の一定温度の飽和圧力の 1.2 倍以上の圧力で耐圧試験を実施したものに用いる場合，その温度をもって溶融温度にすることができる．75 ℃における飽和圧力は，R 134 a で 2.26 MPa，R 22 で 3.22 MPa（いずれもゲージ圧）であり，

一般的な冷凍装置の耐圧試験圧力よりも低い．

このように，溶栓は温度によって溶融するものであるから，たとえば，高温の圧縮機吐出しガスで加熱される部分，あるいは，水冷凝縮器の冷却水で冷却される部分など，正しい冷媒温度を感知できない場所に取り付けてはならない．

安全弁では，内部の冷媒ガス圧力が，安全弁の作動によって低下すると，噴出が止まる．しかし，溶栓が溶融した場合には，内部の冷媒ガス圧力が大気圧になるまで，噴出を続ける．したがって，**溶栓は可燃性または毒性ガスを冷媒とした冷凍装置に使用してはならない．**

なお，**溶栓の口径は，式（12.2）で求められる安全弁の最小口径の1/2以上の値**でなければならない．また，自主基準である**施設基準**では，溶栓の放出管の内径は溶栓の口径の1.5倍以上とし，溶け出した金属によって閉ざされないように留意しなければならない．

12.4 破裂板

破裂板は，**図12.3**に示すように，構造が簡単であるために，容易に大口径のものを製作できるが，比較的高い圧力のものには使用しない．したがって，遠心冷凍機や吸収冷凍機以外には，あまり使用されていない．

安全弁と同じく，直接圧力を感知して破裂するが，噴出したときは，溶栓と同様に内部の冷媒ガス圧力が大気圧に下がるまで，噴出を続ける．したがって，**可燃性ガスまたは毒性ガスに使用することは，許されない．**

図12.3　破裂板

使用期間が長期にわたると，**破裂板の破裂圧力が次第に低下する傾向がある**ので，注意を要する．例示基準の規定では，**破裂圧力は耐圧試験圧力以下で，安全弁の作動圧力以上**と定められている．

12.5 高圧遮断装置

　高圧遮断装置は，一般に高圧圧力スイッチのことで，異常な高圧圧力を検知して作動し，圧縮機を駆動している電動機の電源を切って，圧縮機を停止させ，圧力が異常に上昇するのを防止する．

　安全弁と同様に，**冷凍保安規則関係例示基準**により，作動圧力が定められている．これによれば，**作動圧力は，高圧部に取り付けられた安全弁（内蔵形安全弁を除く）の吹始め圧力の最低値以下の圧力であって，かつ，高圧部の許容圧力以下に設定**しなければならない．通常は，安全弁噴出以前に高圧遮断装置によって圧縮機を停止させ，高圧側圧力の異常な上昇を防止する．

　高圧遮断装置は原則として，**手動復帰式**にする．ただし，1日の冷凍能力が10トン未満のフルオロカーボン冷媒を用いた冷凍設備の場合は，運転と停止が自動的に行われても危険の生ずるおそれのないものに対しては，自動復帰式でもよい．

12.6 液封防止のための安全装置

　液配管や液ヘッダなど，蒸気の空間のない液だけが存在する部分では，その部分の出入り口の**両端が止め弁などで封鎖されたときに**，周囲からの熱の侵入によって内部の冷媒液が熱膨張し，著しく高圧になり，**配管や弁を破壊したり，破裂**することがある．

　このような**液封による事故**は，二段圧縮冷凍装置の過冷却された液配管や，冷媒液強制循環式冷凍装置の低圧受液器まわりの液配管において発生することが多い．液封は弁操作ミスなどが原因になることが多いので，厳重に注意する必要がある．

　この事故を防止するために，液封のおそれのある部分（銅管および外径26mm未満の鋼管は除く）には，安全装置（溶栓を除く）を取り付けることになっている．

12.7 ガス漏えい検知警報設備

冷凍保安規則において，可燃性ガス，毒性ガスまたは特定不活性ガスの製造施設には，漏えいしたガスが滞留するおそれのある場所に，**ガス漏えい検知警報設備の設置**を義務付けており，例示基準においてその機能，構造，設置箇所を定めている．

自主基準である**冷凍空調装置の施設基準**においては，フルオロカーボン冷媒でも所定の機械換気装置または安全弁の放出管が必要な場合であって，それらを設けることができないときには，**ガス漏れまたは酸素濃度検知警報設備によって，酸素濃度 18 ％以下での酸欠事故を防止する**ことが求められている．

ガス検知方式には，隔膜電極方式，半導体方式，その他のものがあり，漏えいガス検知エレメントの変化を電気的に検知して，自動的に警報を発する．警報は，ガス濃度が下っても発信を続け，確認または対策を講じなければ，停止してはならない．

アンモニアは，可燃性ガスであると共に，毒性ガスでもあるので，ガス漏えい検知警報設備を設置しなければならない．ガス漏えい検知警報設備のランプ点灯による警報設定値は 50 ppm 以下，警告音は屋外 100 ppm，屋内 200 ppm 以下で発することとしている（1 ppm＝100 万分の 1）．

設置箇所と設置個数については，詳細な規定があるが，特に検出部を設置する高さは，ガスの比重，周囲の状況，冷凍設備の構造などの条件に応じて定める．アンモニアは，空気よりも軽いことも十分に考慮しなければならない．

冷凍空調装置の施設基準では，式（12.3）のように，冷媒設備の全冷媒充填量（kg）を，冷媒を内蔵した機器を設置した部屋の最小室内容積（m³）で除した値が，表 12.2 に示す限界濃度以下となることを定めている．

$$\frac{冷媒設備の全冷媒充填量(kg)}{冷媒を内蔵した機器を設置した部屋の最小室内容積(m^3)}$$

$$\leq 限界濃度\ (kg/m^3) \cdots\cdots\cdots\cdots\cdots\cdots\cdots\cdots\cdots\cdots\cdots\cdots (12.3)$$

この限界濃度は，冷媒ガスが空気中に漏えいしたときに，この濃度において

158

表12.2 限界濃度

冷媒の種類	限界濃度 (kg/m³)
R 11	0.30
R 12	0.50
R 22	0.30
R 502	0.45
R 134 a	0.25
R 404 A	0.48
R 407 C	0.31
R 410 A	0.44
アンモニア	0.000 35
二酸化炭素	0.07

表12.3 アンモニアが人体に与える影響

アンモニアの濃度 (ppm)	人体に与える影響
5〜 10	臭気を感じる
50	不快感を覚える
100	刺激を感じる
20〜 300	眼やのどを刺激する
300〜 500	短時間(20〜30分)耐えうる限界
2 500〜 5 000	短時間(30分程度)で生命が危険
5 000〜10 000	呼吸停止,短時間で死亡

人間が失神や重大な障害を受けることなく,緊急の処置をとった上で,自らも避難できる程度の濃度を基準にとっている.

また,アンモニアが人体に与える影響を**表12.3**に示した.

第13章　据付けおよび試験

13.1　据付け

13.1.1　機器の据付けと注意事項

機器の据付けは，現場において周囲の状態を十分に確認して，運転・保守に支障が起こらないようにしなければならない．運転，日常の点検，定期点検，修理または機器の交換，故障または災害などの非常時も想定しておく必要がある．

冷凍保安規則，冷凍保安規則関係例示基準，冷凍空調装置の施設基準などに据付けに関する詳細な規定があるものはそれに従う．

(1)　運転操作が容易で，しかも安全であること．操作側に適切なスペースがあり，温度や湿度があまり高くならず，ほこりの少ない，明るい場所がよい．また，回転軸や高所には必要な保護柵などを設ける．

(2)　無関係な人がみだりに近付いたり，入室しないような措置を講ずる．

(3)　火気との間の距離に注意し，可燃物を置かない．

(4)　点検，調整，保守保全作業が容易にできること．

(5)　修理や機器交換に必要なスペースなども考慮しておく．機器の搬出と搬入の通路も考えておく．

(6)　運転中はもちろんのこと，故障や修理のときの排水も考慮しておく．

(7)　アンモニアの漏れは当然のことであるが，フルオロカーボン冷媒の場合でも多量に漏れると，酸欠などの危険があるから，換気に注意する．

　　　フルオロカーボン冷媒の場合は，換気が不十分であると，漏れ検知器による漏れ箇所の発見が困難になる．

(8)　騒音や振動の影響を極力小さくする．

(9) 地震に対する対策を考慮する．とくに，高所や屋上に設置するときは，注意が必要である．

13.1.2 コンクリート基礎（築造基礎）

圧縮機は，その加振力による動荷重も考慮して，十分な質量をもたせたコンクリート基礎を地盤に築き，固定する．基礎の質量は，多気筒圧縮機では圧縮機，電動機またはエンジンなどの駆動機の質量の合計の2～3倍程度にする．

基礎底面にかかる荷重（機械と基礎の質量によるものの他に，振動などの動的な荷重をも含む）が，**どの部分でも地盤や床面の許容応力以下にする**．このために，軟弱な地盤に杭を打ち込むなどの対策を講じる必要があることもある．

13.1.3 防振支持

圧縮機などの振動が，床や建築物に伝わって振動や騒音の原因となることを防止するためには，圧縮機と床との間に適切に設計された防振ゴム，ばね，ゴムパットなどを入れて，防振支持することが有効である．

圧縮機を**防振支持**したときには，圧縮機の振動が配管に伝わり，配管を損傷したり，配管を通じて**他に振動が伝わる**．この振動が大きい場合には，その防止のために，圧縮機の吸込み管や吐出し管に，**可とう管**（フレキシブルチューブ，**図13.1**）を用いることがある．なお，吸込み管表面が氷結する可能性がある場合には，可とう管をゴムで被覆し，氷結によるその破損を防止する．

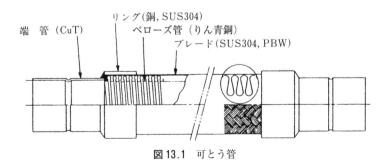

図13.1 可とう管

13.2 耐圧試験

冷凍保安規則によれば，配管以外の部分，すなわち，圧縮機，圧力容器，冷媒液ポンプなどは耐圧試験を，また，配管を含むすべての部分は，気密試験が必要とされている．**耐圧試験は，気密試験の前に行わなければならない**．耐圧試験は，**冷凍保安規則関係例示基準**に，技術基準が詳細に規定されている．

(1) 耐圧試験は，耐圧強度の確認試験である．

(2) 圧縮機，冷媒液ポンプ，（吸収冷凍機の場合は吸収溶液ポンプ），油ポンプ，容器およびその他の配管以外の部分（「容器等」と称している）について行う．したがって，気密試験とは異なり，配管は含まれない．

(3) (2)項の組立て品で行うか，または，部品ごとに行ってもよい．

(4) 耐圧試験は，一般に，液圧で行う試験である．水や油，その他の揮発性のない液体を用いる．液体を用いる理由は，比較的に高圧を得られやすいことと，もし，被試験品が破壊しても危険が少ないからである．

　　液体を使用することが困難である場合には，空気，窒素などの気体を用いて耐圧試験を行うことも認められている．

(5) 耐圧試験の圧力は，液体で行う場合には設計圧力または許容圧力のいずれか低いほうの圧力の 1.5 倍以上の圧力とする．気体で行う場合には設計圧力または許容圧力のいずれか低いほうの圧力の 1.25 倍以上の圧力とする．

(6) 耐圧試験を液体で行う場合には，被試験品に液体を満たし，空気を完全に排出した後に，液圧を徐々に加えて耐圧試験圧力まで上げて，その最高圧力を 1 分間以上保っておく．続いて，圧力を耐圧試験圧力の 8/10 まで降下させる．

　　耐圧試験を気体で行う場合には，作業の安全を確保するため，非破壊検査を実施したうえで，試験設備の周囲に適切な防護措置を設け，加圧作業中であることを標示し，過昇圧のおそれのないことを確認した後，耐圧試験圧力の 1/2 の圧力まで上げる．その後，段階的に圧力を上げて耐圧試験

162

圧力に達した後，再び設計圧力または許容圧力のいずれか低いほうの圧力まで圧力を下げる．

　この状態で，被試験品の各部，とくに溶接継手およびその他の継手について異常がないことを確かめる．

(7)　合否の判定基準は，(6)項の方法によって，被試験品の各部に漏れ，異常な変形，破壊などがないことである．

(8)　圧力計の文字板の大きさは，耐圧試験を液体で行う場合には 75 mm 以上，気体で行う場合には 100 mm 以上とする．

(9)　圧力計の最高目盛は，耐圧試験圧力の 1.25 倍以上，2 倍以下とする．

(10)　圧力計は，2 個以上使用する．

13.3　気密試験

まず始めに，耐圧試験を行って**耐圧強度が確認されたものについて，気密性能を確かめるための気密試験**を行い，さらに，配管で接続した後に，すべての冷媒系統についても気密試験を行う．

　まず，**個々の被試験品**に対しては，

(1)　耐圧試験に合格した容器などの構成部分ごとに，それらを組み立てた状態で行う．

(2)　漏れを確認しやすいように，ガス圧で試験を行う．

(3)　気密試験圧力は，設計圧力，または，許容圧力のいずれか低いほうの圧力以上の圧力とする．

(4)　気密試験に使用するガスは，空気または不燃性ガスとし，酸素ガスや毒性ガス，可燃性ガスを使用してはならない．

　一般に，乾燥した空気，窒素ガス，炭酸ガスが用いられるが，アンモニア装置に対しては，炭酸ガスを使用してはならない（炭酸アンモニウムの粉末が生成されることがある）．

(5)　空気圧縮機を使用して圧縮空気を供給する場合は，吐出し空気の温度を 140 ℃以下にすること．

(6) 昇圧は，徐々に行う．

(7) 被試験品内のガス圧を気密試験圧力に保った後に，それを水中に入れ，または，外部に発泡液を塗布し，泡の発生の有無によって漏れの有無を確かめ，漏れのないことをもって合格とする．

(8) (4)のガスに検知ガスとしてフルオロカーボンまたはヘリウムガスを混入させて，ガス漏れ検知器によって試験を行なってもよい．ただし，多量のフルオロカーボンの放出にならないように注意する．

(9) 内部に圧力のかかった状態で，つち打ちしたり，衝撃を与えたり，溶接補修などの熱を加えてはならない．

(10) 圧力計は，文字板の大きさは 75 mm 以上で，最高目盛が気密試験圧力の 1.25 倍以上，2 倍以下のものを，原則として 2 個以上用いる．

各機器を配管で接続して，**装置全体に対して漏れの有無を確認する場合の気密試験**は，個々の気密試験と同様で，

(1) まず，低圧部に規定圧力において発泡液を塗布し，泡の発生の有無またはガス漏れ検知器で漏れを調べる．とくに，配管の接続部（フレアなど）からの漏れが予想される部分については，複数回実施するなど入念に検査する．

(2) 次に，高圧部に対しては，圧力を上げて，高圧部の規定圧力において検査する．

(3) 漏れ箇所が発見されたときは，圧力を大気圧まで完全に下げてから修理し，改めて圧力を上げて，試験をやり直す．

13.4 真空試験（真空放置試験）

真空試験（真空放置試験），真空乾燥などは，法規に定められたものではないが，とくに微量の漏れやわずかな水分の侵入も嫌うフルオロカーボン冷凍装置では，気密試験の後に，これらの試験を実施してから運転を行うのがよい．

真空試験で留意すべき事項について列記すると，次のとおりである．

(1) 真空試験の圧力は 0.6 kPa (5 torr) 以下の真空度で行う。

164

(2) このような高真空まで到達させるには，冷凍装置用圧縮機では到達しにくく，また，圧縮機に焼付きやその他の損傷を生じるので真空ポンプが必要である．

(3) 一般に使われている連成計では，正確な真空の数値が読み取れないので，必ず真空計を用いる．

(4) 真空試験では，装置全体からの微量の漏れは発見できるが，場所は特定できない．

(5) 真空試験を行う前に，必ず気密試験を実施しておかなければならない．

(6) 装置内に，残留水分があると真空になりにくく，また，漏れがあると真空ポンプを停止すると圧力が上がってくる．

(7) 真空放置試験は，機器，装置の構造や大きさなどによって異なり，数時間から一昼夜近い十分に長い時間を必要とする．

(8) 必要に応じて，水分の残留しやすい場所を中心にして，加熱（120℃以下）するとよい．

13.5　試運転

13.5.1　冷凍機油の充填

真空乾燥の終わった冷凍装置には，冷凍機油を充填する．装置の方式，構造，冷媒配管の長短によって，適正な冷凍機油の量を定め，水分を含まない冷凍機油を充填しなければならない．冷凍機油は，水分を吸収しやすいので，できるだけ密封された容器に入っている冷凍機油を使い，古い冷凍機油や長い時間空気にさらされた冷凍機油の使用は，避けるべきである．

冷凍機油の種類の選定は，圧縮機の種類，冷媒の種類などにより異なり，とくに常用の蒸発温度に注意して行う．冷凍機油には，鉱物油と合成油があり，粘度，流動点，冷媒との相溶性などの性質に特徴がある．低温用には流動点が低い冷凍機油を選定する．高速回転の圧縮機で軸受荷重が比較的に小さいものには，粘度の低い冷凍機油を選定する．一般には，メーカの指定の冷凍機油を用いる．また，アンモニアと異なり，フルオロカーボン冷媒は冷凍機油を希釈

しやすいことも考慮すべきである.

13.5.2 冷媒の充填

冷媒の充填にあたっては，装置メーカ指定の冷媒を充填しなければいけない.

新規に充填する冷媒は，フルオロカーボン，アンモニアともに新しいものがよく，冷凍機油や水分の混入したものは避けるべきである.

受液器をもつ冷凍装置では，負荷の変動によって不足することのないだけの量を充填しなければならないが，過充填にならないようにすることも大切である.とくに小形の冷凍装置では，液戻りやその他の悪影響を避けるために，規定の充填量を守らなければならない.

追加の充填を行う場合には，冷媒の種類を確認して，同じ種類の冷媒を充填しなければならない.

冷媒充填の際には，不必要にフルオロカーボン冷媒を大気中に放出しないように，環境保全に努めなければならない.

冷媒ボンベには立てたままで冷媒液が取り出せる構造のもの（サイフォン管付き）と，冷媒蒸気が取り出せる構造のもの（サイフォン管なし）の2種類があるので，どちらであるかの確認が必要である.

小形の装置では，高圧と低圧の両方の操作弁から，蒸気状の冷媒を入れる.中大形の場合には，受液器（または受液器兼用の凝縮器）の冷媒液出口弁を閉じ，その先の冷媒チャージ弁から液状の冷媒を入れる.この際に，油面や給油圧力に注意しながら圧縮機を運転し，冷媒を低圧側を通して入れる.圧縮機の吐出し管が過熱しないように注意する.とくに過充填にならないようにする.

なお，非共沸混合冷媒では，液でチャージしないと混合比が規定と違ってくる.また，追加充填は好ましくない.

13.5.3 試運転

試運転開始前の準備としては，電力系統，制御系統，冷却水系統などを十分に点検する.

166

これらの点検の後に，始動試験を行い，異常がなければ，さらに運転を継続し，その間に各部の異常の有無の確認を行ない，その後，必要に応じてデータの採取を行う．負荷側の条件に変化のある装置では，それぞれについて調べ，正規の運転時の状態を確認する．その際に，保安装置，自動制御装置などについても点検し，問題がなければ性能試験を行う．

第14章 冷凍装置の運転

いかに設計施工の優れた冷凍設備でも，冷凍保安責任者による合理的な運転管理が必要である．本章では，冷凍保安責任者が熟知し，応用すべき事項についての基本的な事柄を，主として往復圧縮機やスクリュー圧縮機を使用した一般的な冷凍装置の運転を例として述べる．

14.1 冷凍装置の運転

冷凍装置において計画された運転状態が維持されるためには，負荷に対して圧縮機，膨張弁，凝縮器，蒸発器，自動制御機器などがバランスよく働いていなければならない．

また，運転に従事している冷凍保安責任者は，装置の各機器の構造と特徴，作動特性および冷媒配管系統や電気系統の取扱い方法などをよく知っていなければならない．

次に，以下の **14.1.1項** から **14.1.4項** に，一般的な水冷凝縮器を使用する往復圧縮機の冷凍装置を例に取り上げて，その**運転要領**を説明する．一般に自動運転で冷凍装置の運転を行なうことが多いが，下記に示す基本的な手動での運転操作をよく理解しておくことが重要である．

14.1.1 運転準備

冷凍装置の長期間運転停止後の運転開始前には，次のことを**点検，確認**する．なお，毎日の運転開始前には少し簡略して 1)，2)，3)，5)，8) などを実施すればよい．

1) 圧縮機クランクケースの冷凍機油の油面の高さや清浄さを点検する．
2) 凝縮器と油冷却器などの冷却水出入口弁を開く．

168

3) 冷媒系統の各部の弁（とくに安全弁の元弁）が開であるか，閉であるか
を確認し，運転中に開いておくべき弁（吸込み弁は除く．**14.1.2項5)参照**）
は全部開き，閉じておくべき弁を閉じる．

4) 配管中にある電磁弁の作動を確認する．

5) 受液器の液面計や高圧圧力計により冷媒があることを確認する．

6) 電気系統の結線，操作回路を点検し，絶縁抵抗を測り（メガテスト），絶
縁低下やショートしていないことを確認する．

7) 各電動機について，始動状態，回転方向を確認しておく．

8) クランクケースヒータの通電を確認する．

9) 高低圧圧力スイッチ，油圧保護圧力スイッチ，冷却水圧力スイッチなど
の作動を確認し，必要に応じて調整する．

14.1.2　運転開始

冷凍装置の運転準備が完了したら，次の操作を行って，運転を開始し，**運転
状態の点検と調節**を行う．

1) 冷却水ポンプを始動し，凝縮器などに通水する．

2) 冷却塔，または，蒸発式凝縮器などを運転する．

3) 水冷凝縮器の水室の頂部にある空気抜き弁，または，水配管中の空気抜
き弁を開き，冷却水系統の空気を放出し，水系統が完全に水で満たされて
から，確実に閉じる．

4) 冷凍装置の負荷側の機器である蒸発器の送風機あるいは，冷水またはブ
ライン循環ポンプなどを運転する．ポンプ系統の空気は完全に抜く．

5) 吐出し側止め弁が全開であることを確認してから圧縮機を始動する（弁
の開き忘れによる圧縮機破壊は極めて重大な事故になる）．

　　次に，吸込み側止め弁を徐々に全開になるまで開く．その際に，圧縮機
にノック音が発生したら，直ちに吸込み側止め弁を絞る．急激に吸込み側
止め弁を全開すると，液戻りが起きやすい．

　　ノック音は，液戻りのためであるから，このノック音がなくなるのを待

って，再び徐々に吸込み側止め弁を開く．吸込み側止め弁が全開の状態でノック音がなくなるまで，この操作を繰り返す．

6) 圧縮機の油量と油圧を確認する．油圧は吸込み圧力よりも 0.15〜0.4 MPa 高い圧力（メーカの取扱説明書に従う）に調整する．圧縮機クランクケースの油面を確認し，必要に応じて冷凍機油を補給する．

7) 運転状態が安定したら，電動機の電圧値と電流値を確認する．

8) 凝縮器，または，受液器の冷媒液面の高さを確認する．

9) 液配管にサイトグラスがある場合には，気泡が発生していないか確認する．

10) 膨張弁の作動状況を点検し，必要に応じて適切な過熱度になるように調節する．

11) 吐出しガス圧力を調べ，必要に応じて冷却水量，冷却水調整弁を調整する．

12) 圧縮機の吸込み蒸気圧力，蒸発器の冷却状態，霜付きの状態，また，満液式蒸発器では冷媒の液面高さを点検する．

13) フルオロカーボン冷凍装置では，油分離器の作動状況を点検する．

14.1.3 運転の停止

冷凍装置の運転を停めるときには，次の操作を行う．

1) 液封を生じさせないように，受液器液出口弁を閉じてしばらく運転してから圧縮機を停止する．停止直後に圧縮機吸込み側止め弁を閉じ，高圧側と低圧側を遮断しておく．

　なお，再始動時の液戻りを防ぐために，高圧液管の弁（たとえば受液器液出口弁など）を閉じて冷凍装置を運転し，低圧側にある冷媒を高圧側の凝縮器ないし受液器に冷媒液として回収する．このような操作を**ポンプダウン**という．低圧側の圧力は大気圧以下にしないこと．

2) 油分離器からの返油弁を全閉とする．この操作で，停止中に油分離器内に凝縮した冷媒液が，圧縮機に戻るのを防止する．

170

3) 凝縮器と圧縮機のウォータジャケットの冷却水を止める．冬季に，水が
凍結する恐れのある場合は，系内の水を排除しておく．

14.1.4 運転の休止

冷凍装置を長期間休止させる場合には，次のような操作を行う．

1) ポンプダウンにより低圧側の冷媒を受液器に回収する．この場合に，低
圧側と圧縮機内には，ゲージ圧力で 10 kPa 程度のガス圧力を残しておく．
　これは，大気圧よりも低い圧力にすると，装置に漏れがあったとき，装
置内に空気を吸い込むからである．

2) 各部の止め弁を閉じ，弁にグランド部があるものは，締めておく．ただ
し，安全弁の元弁は閉じてはならない．

3) 冷却水は，とくに冬季に凍結する恐れのある場合には，凝縮器や圧縮機
のウォータジャケットなどの水を排除しておく．

4) 冷媒系統全体の漏れを点検し，漏れ箇所を発見した場合には，完全に修
理しておく．

5) 電気系統は電源を遮断しておく．

14.2 冷凍装置の運転状態の変化

冷凍装置が安定して（平衡状態で）運転されているときは，圧縮機，凝縮器，
蒸発器および膨張弁の能力が，それぞれつり合った運転状態となっている．冷
凍装置の運転状態が変化したときには，各機器の能力が変化する．

ここでは，往復圧縮機，空冷凝縮器，温度自動膨張弁および空気冷却用蒸発
器で構成されている冷蔵庫を例として，冷凍装置の運転中の状態について説明
する．

このとき，凝縮器および蒸発器のそれぞれの風量と外気温度は変わらないも
のとする．

14.2.1 冷蔵庫の負荷が増加したとき

冷蔵庫に高い温度の品物が入って，負荷が増加したとき，冷蔵庫の庫内温度は上昇する．そのため，冷凍負荷が増加して蒸発温度が上昇し，膨張弁の冷媒流量は増加し，圧縮機の吸込み圧力は上昇する．冷凍負荷の増加に対応して凝縮圧力は上昇する．また，蒸発器における空気の出入口の温度差は増大する．

このように，冷凍装置の冷却能力が増加して，冷蔵庫の庫内温度の上昇を抑えるように，運転状態は変化する．

14.2.2 冷蔵庫の負荷が減少したとき

外気温度が変わらず，冷蔵庫内の品物が冷えて，品物から出る熱量が減少すると，冷蔵庫内の空気温度が下がる．このため冷凍負荷は減少して蒸発温度は低下し，膨張弁の冷媒流量は減少し，圧縮機の吸込み圧力は低下する．また，蒸発器の出入口の空気温度差は減少する．凝縮負荷が小さくなって凝縮圧力は低下する．

このように，冷凍装置の冷却能力が減少し，冷蔵庫の空気温度の低下を抑えるように，運転状態は変化する．

14.2.3 冷蔵庫の蒸発器に着霜したとき

冷蔵庫の蒸発器に着霜すると，蒸発器の空気の流れ抵抗が増加するので風量が減少し，空気側熱伝達率が小さくなる．また，霜付きのために，蒸発器の熱伝導抵抗が増加するので，蒸発器の熱通過率が小さくなり，蒸発圧力が低下し，圧縮機の吸込み圧力が下がる．したがって，圧縮機の冷媒流量は減少し，凝縮圧力もこれに対応して若干低下する．そこで，冷却能力は減少し，庫内温度は上昇する．

このように，着霜の増加とともに冷凍装置の冷却能力が減少するように，運転状態は変化する．したがって，冷凍装置の冷却能力を回復させるためには，蒸発器の除霜が必要である（**7.5節参照**）．

14.3 冷凍装置の運転時の点検

冷凍装置は，冷却温度の保持と同時に，動力消費量および保安の面からも，いつも正常な運転状態を維持していなければならない．装置の正常な運転状態をよく把握し，異常を早期に発見し，すみやかに対処しなければならない．

冷凍装置について，あらかじめ点検箇所を定めて，正常と異常な運転状態の判定基準を明らかにしておき，さらに，**運転日誌**を作成して，定期的に**運転記録**をとることが，**運転管理**上大切なことである．

14.3.1 圧縮機吐出しガスの圧力と温度

凝縮器の冷却水量の減少や水温の上昇などによって凝縮圧力が上がると，圧縮機吐出しガス圧力は上がり，逆の場合には圧力が低くなる．

圧縮機の吐出しガス圧力が上昇すれば，蒸発圧力が一定のもとでは，圧力比が大きくなるので，圧縮機の体積効率が低下し，冷媒循環量が減少するので，装置の冷凍能力は低下する。また，圧縮機の冷媒 1 kg あたりの圧縮仕事が大きくなるので，圧縮機駆動の軸動力は増加し，冷凍装置の成績係数が小さくなる（**2.2.5 項参照**）．

また，吐出しガス圧力が上昇すると，体積効率が低下するだけでなく，吐出しガス温度も上昇するので，圧縮機シリンダが過熱し，冷凍機油を劣化させ，シリンダやピストンなどを傷める．

アンモニア冷媒の場合，同じ蒸発と凝縮の温度の運転条件では，**フルオロカーボン冷媒に比べて圧縮機の吐出しガス温度がかなり高くなる**（**表 4.4 参照**）．

ヒートポンプ装置の場合には，利用温度の高温化にともない，圧縮機吐出しガス温度の上昇が重要な課題になる．フルオロカーボン冷媒は温度が高いと，とくに冷凍機油との共存下では，**冷媒の分解および冷凍機油の劣化**が促進されるので，一般に**圧縮機吐出しガスの上限温度は 120〜130 ℃**程度とされている．

14.3.2 圧縮機の吸込み蒸気の圧力

圧縮機の吸込み蒸気の圧力は，吸込み蒸気配管などの流れ抵抗により，蒸発器内の冷媒の蒸発圧力よりもいくらか低い圧力になる．

圧縮機の吸込み蒸気圧力の低下により，一定の凝縮圧力のもとでは，圧力比が大きくなるので，圧縮機の体積効率が低下し，また，吸込み蒸気の比体積が大きくなる（蒸気が薄くなる）ので，冷媒循環量が減少し，冷凍能力と圧縮機駆動の軸動力は減少する．

圧縮機の吸込み蒸気圧力の低下により，冷凍効果は減少し，圧縮仕事は増加するので，圧縮機の吸込み蒸気圧力が低いほど冷凍装置の成績係数はより小さくなる．吸込み蒸気圧力の低下の成績係数への影響は，吐出しガス圧力の上昇よりも大きい．したがって，あらかじめ定められた吸込み蒸気圧力を維持するように運転することは大切なことである．

14.3.3 運転時の凝縮温度と蒸発温度の目安

凝縮器は，使用冷媒の種類，水冷凝縮器では冷却水の温度と水量により，空冷凝縮器では外気の乾球温度（蒸発式凝縮器では湿球温度）と風量，また，蒸発器では被冷却物の保持温度によって，それぞれの凝縮温度と蒸発温度の値がほぼ定まる．これらの値から大きく異なった運転状態になれば，その装置に何等かの異常があると考えなければならない．以下に，標準的な値について示す．

⑴ 凝縮温度

1) 水冷凝縮器（横形シェルアンドチューブ凝縮器やブレージングプレート凝縮器）では，冷却水の出入口温度差は4～6Kで，凝縮温度は冷却水出口温度よりも3～5K高い温度．

2) 空冷凝縮器では，凝縮温度は外気乾球温度よりも12～20K高い温度．

3) 蒸発式凝縮器では，凝縮温度は外気湿球温度よりも

　　　　アンモニア冷媒の場合：約8K

　　　　フルオロカーボン冷媒の場合：約10K

　ぐらい高い温度．

(2) **蒸発温度**

冷凍装置の使用目的によって，蒸発温度と被冷却物温度との温度差が設定されるので，それに従って運転を行うべきである．その温度差と大きく異なっていれば，異常があると考えなければならない．

一例として，冷蔵倉庫に使用される乾式蒸発器の場合には，蒸発温度は庫内温度よりも 5～12 K 程度低くするのが普通である．

14.3.4 正常な運転状態と点検箇所

一般的な冷凍装置について，運転中に点検の必要な箇所と，その正常な運転状態を**表 14.1** に示す．

14.3.5 運転上重要な不具合現象

冷凍装置の運転上，重要な不具合現象を各項目ごとに整理して**表 14.2** に示す．

14.4 装置内の水分

アンモニア冷凍装置の冷媒系統に水分が侵入すると，アンモニアが水分をよく溶解してアンモニア水になるので，少量の水分の侵入があっても装置に障害を引き起こすことはない．しかし，多量の水分が侵入すると，冷凍装置内でのアンモニア冷媒の蒸発圧力の低下，冷凍機油の乳化による潤滑性能の低下など，運転に支障をもたらす．

フルオロカーボン冷凍装置に水分が侵入すると，冷媒は水分の溶解度が極めて小さいので，わずかな水分量であっても，次のような障害を引き起こすことがある．

1) 低温の運転では，膨張弁部に氷結して，冷媒が流れなくなる．

2) 冷媒系統中に酸性物質等を生成し，金属を腐食する．

このような悪影響をもたらすので，フルオロカーボン冷凍装置の場合には冷媒系統中に水分を侵入させることのないように，十分に注意しなければならない．**水分の侵入経路と侵入防止のための対策は，表 14.3** に示す．

表 14.1　冷凍装置の運転点検箇所

機 器	点 検 箇 所	測 定	正 常 運 転 の 状 態
圧 縮 機	吸込み蒸気	圧　　　力	（冷媒蒸発温度に相当する飽和圧力）－（吸込み蒸気配管での圧力降下）
		温　　　度	（冷媒蒸発温度）＋（過熱度），過熱度は3〜8 K（装置によって異なる）
	吐出しガス	圧　　　力	（冷媒の凝縮温度に相当する飽和圧力）＋（吐出しガス配管での圧力降下）
		温　　　度	冷媒の種類と運転条件によって異なるが120℃〜130℃以下
	冷 凍 機 油	油　　　圧	（吸込み蒸気圧力）＋（0.15〜0.4 MPa）の間になるように調整する
		油　　　温	運転状況，構造によって異なるが50℃以下
	油 面 計	油　　　量	ほぼ中央，規定レベルまで
		油の清浄度	透明で濁りのないこと
	シリンダヘッド	ヘッド温度	冷媒の種類と運転条件によって異なるが120℃〜130℃以下
		弁 の 音 響	弁の異常音，液圧縮のないこと
	クランクケース	ケース温度	50℃以下，異常に低いときは冷媒液が流入している
		音　　　響	異常音のないこと
	軸　　　受	音　　　響	異常音のないこと
	シャフトシール	油　漏　れ	油漏れのないこと（油が漏れていると冷媒も漏れている）
	クランク軸	回 転 速 度	規定回転速度（ベルト掛けでは±5％以内）
圧縮機・電動機	台　　　枠	振　　　動	異常な振動のないこと
電 動 機	電　　　源	電　　　圧	規定の電圧（±10％以内であること）
		電　　　流	規定の運転電流値（電動機の定格値以内であること）
	ケ ー シ ン グ	温　　　度	異常に高くないこと
	軸　　　受	温　　　度	異常に高くないこと
	巻　　　線	温 度 上 昇	絶縁の種類に応じた許容上昇値以内（A種の場合105℃，E種の場合120℃）

機　器	点 検 箇 所	測　定	正 常 運 転 の 状 態
油 分 離 器	胴　　　体	温　　　度	極端に低温でないこと（凝縮温度以上）
	油 面 計	油　　　面	油が正常に戻されており，異常に油面が高くないこと
凝 縮 器	冷 却 水	入 口 温 度	異常に高くないこと（通常 32℃以下）
		出 口 温 度	正常な出入口温度差（5 K 程度）であること
		流　　　量	規定流量が確保されていること
		水　　　圧	冷却管，配管などの抵抗のための規定水圧
	液 面 計	冷媒液面	わずかに液面が残っていること
	冷 媒 液 出 口 管	冷媒液出口温度	（凝縮圧力に相当する飽和温度）−（過冷却度），過冷却度は約 5 K ぐらいになることがある
受 液 器	液 面 計	冷媒液面	規定液面（異常に過不足のないこと）
液 配 管	ドライヤ出口管	冷媒液温度	異常な温度降下のないこと
	サイトグラス	気　　　泡	気泡が発生していないこと
	電 磁 弁 コ イ ル	温 度 上 昇	絶縁の種類に応じた許容上昇値以内（A種の場合 105℃）
	膨 張 弁 入 口	冷媒液温度	異常な温度降下のないこと
蒸 発 器	被 冷 却 体 （空気，水，ブ ラインなど）	入 口 温 度 出 口 温 度 流　　　量	温度差と流量から冷凍能力を算定し，計画値と比較する
	コ イ ル	着 霜 状 態	均一な霜付きがあり，異常に厚い霜付きのないこと
	冷 媒 出 口	蒸 発 温 度	蒸発圧力に相当する飽和温度と比較し適切な過熱度があること
		蒸 発 圧 力	規定圧力値
蒸 発 器 （満液式）	液 面 計	液　　　面	半分より少し高い液面（5/8〜2/3 の高さ）があること
ア キ ュ ム レ ー タ	液　　　面	液　　　面	異常に高くないこと．液が戻る速度が異常に速くないこと

表 14.2 冷凍装置の不具合現象

不 具 合 現 象	原 因 と 考 え ら れ る 事 項
圧縮機吐出しガスの異常高圧	1. 凝縮器の冷却水量（冷却風量）の不足 2. 凝縮器の冷却水温度（冷却空気温度）の上昇 3. 冷却塔（冷却水ポンプ）の能力不足，ファンの能力不足 4. 不凝縮ガスの混入（残留または発生） 5. 凝縮器冷却管の汚れ（水あか，ごみ，油） 6. 圧縮機吐出し側止め弁の開度不足 7. 冷媒の過充填（凝縮に有効な伝熱面積の減少） 8. 凝縮器水路蓋の仕切り腐食，流速低下
圧縮機吐出しガスの異常高温	1. 不凝縮ガスの混入 2. 異常高温による冷媒の分解（不凝縮ガスの発生） 3. 圧縮機吸込み蒸気の過熱度の過大 4. 圧縮機の吸込み蒸気圧力の異常低下 5. 膨張弁の過熱度設定の過大（絞りすぎ） 6. 膨張弁での水分の氷結 7. 膨張弁でのごみづまり 8. 膨張弁の選定不良（口径の間違い，外部均圧が必要なのに内部均圧式である，冷媒間違い）
圧 縮 機 潤 滑 不 良	1. 油圧不足（油ポンプ不調，油圧調整弁不良など） 2. 油への冷媒の溶け込み（オイルフォーミング） 3. 油の汚れ（ごみ，高温での分解） 4. 油量不足 5. 油の選定不良 6. 油温が高い（粘度不足，潤滑部の冷却不十分） 7. 始動時油分離器で冷媒が凝縮（フォーミング） 8. 蒸発器での油戻り不良 9. 満液式蒸発器で冷媒液面低下にともない，油戻り不良 10. 蒸発器内での油の分離，滞留 11. 吸込み蒸気配管に二重立ち上がり管が必要であるのに採用していない 12. 吸込み蒸気配管の勾配，トラップ，主管との接続不良
モ ー タ 焼 損	1. ひんぱんな発停 2. 電源電圧の低下による過電流 3. 負荷過大（モータ出力不足，密閉圧縮機で過電流が続き冷却不足） 4. スターティングアンローダ不良（始動トルク過大） 5. 高真空で運転し，冷媒によるモータ冷却不十分（密閉圧縮機） 6. 冷媒中のごみによる巻線の絶縁不良（密閉圧縮機）

不 具 合 現 象	原 因 と 考 え ら れ る 事 項
冷 凍 能 力 不 足	1. 冷媒量不足（ガス漏れ，充填不足） 2. 蒸発器の流量不足（空気，ブラインなど） 3. 蒸発器の冷却面汚れ 4. 蒸発器内の冷媒の流れ抵抗大 5. 空気冷却器の着霜，水またはブライン冷却器表面の着氷 6. 膨張弁の選定不良（小さ過ぎる） 7. 膨張弁の過熱度設定大（絞り過ぎ） 8. 水分混入による膨張弁での氷結（アイススタック） 9. 膨張弁のごみ，油つまり 10. ディストリビュータ分配不良 11. 凝縮器と受液器の均圧不十分 12. 液配管中にフラッシュガス発生 13. 急激な負荷変動に対する追従遅れ 14. 冬季凝縮圧力の低下（膨張弁前後の差圧が小さ過ぎる）
冷 媒 漏 れ	1. シャフトシール漏れ（開放圧縮機） 2. 凝縮器冷却管の腐食による破損 3. 凝縮器冷却水の水質不良→腐食 4. 受液器のガラス管ゲージ破損 5. ブライン濃度希釈→凍結点上昇→凍結による冷却管破損 6. ブライン冷却器凍結防止サーモ設定不良，誤作動→凍結による破損 7. ブライン冷却器腐食 8. 可とう管が接触し破損 9. 振動により冷媒配管の切損，割れ，継手のゆるみ 10. 冷媒配管の腐食 11. 継手不良（溶接，ろう付け，フレア締付け，フランジボルト片締めなど） 12. 弁のグランド部不良
圧 縮 機 弁 割 れ （液戻り，液圧縮）	1. 吸込み蒸気管途中のUトラップなど→冷媒液戻り 2. 吸込み蒸気管途中のUトラップなど→冷凍機油戻り 3. アキュムレータ容量不足（急激な負荷変動に対応できない） 4. 膨張弁の感温筒取付け不良（外れ） 5. 膨張弁過熱度設定（開き過ぎ） 6. 満液式冷却器液面の急激な上昇
そ の 他 の 損 傷， 腐　　　食	1. 圧縮機駆動用ベルトの摩耗（張り加減など） 2. 圧縮機駆動用軸継手の損傷（トルク変動大など） 3. 冷媒中への水分混入→フルオロカーボン冷媒の加水分解→酸性物質（生成）による腐食 4. 多過ぎる冷凍機油量→圧縮機内部の破損 5. 水冷凝縮器，水冷却器，ブライン冷却器の流量の過大→水速の過大→腐食の促進 6. ブライン pH 調整不良 7. 水冷凝縮器の水路蓋に取り付けた亜鉛の損耗，欠落→腐食促進

表14.3 フルオロカーボン冷凍装置の水分の侵入経路と防止対策

水 分 の 侵 入 経 路	防 止 対 策
新設または修理工事中，配管などに残った水分．	施工時に水分の侵入に注意し，施工時残留する水分に注意し真空引きを適切に行なう．
気密試験を空気圧縮機を使って実施したとき，大気中の水分が空気とともに系統内に侵入する．	よく乾燥した不燃性ガス（窒素ガス，炭酸ガスなど）を使用する．空気を使用するときには十分冷却してドレンを排除し，乾燥した空気を供給する．真空乾燥を適切に行う．
冷媒の中に水分が含まれている．	適切に管理された冷媒を使用する．
冷凍機油の中に水分が含まれている．	外気に極力接触させないように油の取扱いに注意する．
吸込み蒸気圧力が大気圧以下になったとき空気とともに冷媒系統に侵入する．	漏れ箇所を修理する．
分解，点検のときに侵入する空気中に水分を含む．	開放した系統を復旧するとき真空引きを適切に行なう．

14.5 装置内の異物

冷媒系統中に異物が混入すると，それが装置内を循環し，装置に次のような障害を引き起こすことがある．

1) 膨張弁やその他の狭い通路につまり，安定した運転ができなくなる．
2) 圧縮機の各摺動部に侵入してシリンダ，ピストン，軸受などの摩耗を早める．
3) シャフトシールに汚れた冷凍機油が入り，シール面を傷つけて冷媒漏れを起こす．
4) 密閉圧縮機では，冷媒中の異物が電気絶縁性能を悪くし，電動機の焼損の原因となる．
5) 各種の弁の弁座などを傷つけ，弁の機能を損なう．

このような障害を引き起こすことがあるので，異物の混入を防ぐように注意することが必要である．**表 14.4** に，**冷凍装置に混入しやすい異物の種類とその原因・経路**を示す．

表 14.4 異物の混入原因・経路

異 物 の 種 類	異物の混入する原因・経路
金属，砂，繊維，水	装置の施工中，不注意により系統内に混入する．機械部品の摩耗により異物を生じる．装置の清掃が不十分で残留物がある．
固 形 物	水分の除去が不完全で，系統内部にさびが発生する．溶接，ろう付け時のスラッジの除去が十分でない．冷凍機油が圧縮機のシリンダで炭化する．

14.6 装置内の不凝縮ガス

不凝縮ガスが冷凍装置内に存在すると，高圧圧力が上昇する．この場合，水冷凝縮器内に不凝縮ガスがあるかどうかを確認するには，次の方法がある．

圧縮機の運転を停止し，凝縮器の冷媒出入口弁を閉止し，凝縮器冷却水はそのまま20から30分通水しておく．その後，高圧圧力計の指示が冷却水温における冷媒の飽和圧力よりも高ければ，**不凝縮ガス（主に空気）**が存在していることになる（**6.2.6項参照**）．

フルオロカーボン冷媒の大気中への排出を抑制するため，**フロン排出抑制法**（2015年）が施行された．そのため，ガスパージャや凝縮器上部の空気抜き弁などからの空気放出にともなってフルオロカーボン冷媒が放出されるような場合については，「特定製品の冷媒フロン類のみだり放出の禁止（86条）」があるため，装置内の不凝縮ガスを含んだ冷媒を全量回収することにより，不凝縮ガスを排除することが適切な処理方法となった．

アンモニア冷媒の場合は，別に設けられた水槽などの除害設備に放出し，**アンモニアガスの除害処理**をしなければならない．

14.7 圧縮機の潤滑と装置内の冷凍機油の処置

14.7.1 圧縮機の潤滑と装置内の冷凍機油

圧縮機では一般に強制給油式が採用されており，給油装置と冷凍機油の状態がその潤滑作用に大きな影響を及ぼす．

表14.5は，**冷凍機油および潤滑装置の不具合現象**を示す．

14.7.2 装置内の冷凍機油の処理方法

⑴ アンモニアの場合

同じ運転条件であっても，アンモニア圧縮機の吐出しガス温度はフルオロカーボン圧縮機の場合よりも高く，通常100℃を超えることが多い．そこで，冷凍機油が劣化しやすいので，通常，高圧側と低圧側のそれぞれから，冷凍機

表14.5 圧縮機の冷凍機油および潤滑装置の不具合現象

状　　態	現　　　　　象
冷凍機油の過充填	圧縮機クランクケース内の油面が上がるので，油上がりを起こしやすく，また運動部に接触すればクランクシャフトに打撃を与える．特に揺動，傾斜のあるときに注意．
油圧の過大	シリンダ部への給油量が多くなり多量の冷凍機油が系統に送り出されるので，凝縮器，蒸発器の伝熱面に付着することがある．
油圧の過小	油量の不足，ストレーナや配管の詰まり，油ポンプの故障などで油圧が不足すると潤滑作用を阻害する．冷凍機油は摺動部の冷却もしているので冷却不良を招く．油圧作動式容量制御装置が機能しなくなる．
圧縮機の過熱運転	シリンダの温度が上昇し，冷凍機油が炭化し分解して不凝縮ガスを生成する．また，圧縮機全体を過熱し油温を上昇させる．油温は冷凍機油の劣化を防止するため130℃以下におさえること．油温が上昇し粘度が下がると油膜切れを起こすことがある．
油温の低下	蒸発器などで温度が低いとき，冷凍機油の性状が装置に適合していないと冷却管などに付着し，冷却機能を阻害する．また，油戻りが悪くなる．油通路の流動抵抗が大きくなり，油量不足による潤滑不良を招くことがある．
異物の混入	油を汚損し潤滑作用を阻害する．常にクランクケースのサイトグラスに注意し，清浄であることを確認しておく．冷凍機油は冷媒系統を循環するから異物をクランクケースに運んでくる．
水分の混入	系統中の水分は冷凍機油を乳化させ，潤滑を阻害する．
圧縮機の真空運転	クランクケース内が真空状態になると，油ポンプへの冷凍機油の吸い込みが阻害され，十分な油量が吐き出されなくなる．
油面の傾斜と揺動	冷凍機油の吸込み口が油面上に開放されると冷凍機油の吸い込みが阻害されるから，油量および据え付けに注意する．
冷媒による稀釈	周囲温度の低い冬季など，長時間停止中に冷媒が冷凍機油の中に溶け込んだり，油分離器で凝縮した冷媒がクランクケースに戻ったりすることによって，冷凍機油は稀釈され，粘度を低下させるとともに，始動時や運転中に泡立ち（オイルフォーミング）を起こし，冷凍機油がシリンダに吸い込まれ冷媒系統内に出ていく．
長期停止後に急激な真空運転をしたとき	冷凍機油中に冷媒が溶け込んだ状態で始動し，低圧になると冷媒が急激に沸騰して油面が泡立ち（オイルフォーミング），シリンダに吸い込まれて系統内に冷凍機油を送り出す．これにより熱交換器の汚れや，液圧縮を起こす．また，圧縮機の潤滑作用を阻害する．

油を装置外に排出する（**7.3.2項，8.2節参照**）.

⑵　フルオロカーボン冷媒の場合

フルオロカーボン冷媒の場合は，装置内を循環させて，圧縮機クランクケースの油面高さが常に同じになるようにする.

14.8　冷凍装置の冷媒充填量

14.8.1　冷媒充填量の不足

冷凍装置全体として冷媒量が不足している場合には，運転中の受液器の冷媒液面の低下によって確認できる.

冷媒量がかなり不足していれば，蒸発圧力が低下し，吸込み蒸気の過熱度が大きくなり，吐出しガス圧力が低下するが，吐出しガス温度は上昇する. このために，冷凍機油が劣化する恐れがある. また，装置は冷却不良の状態になる.

密閉フルオロカーボン往復圧縮機では，吸込み蒸気による電動機の冷却が不十分になり，甚だしいときには**電動機の巻き線を焼損**する.

14.8.2　冷媒の過充填

冷媒が過充填されると，凝縮液が凝縮器の多数の冷却管を浸し，凝縮のために有効に働く伝熱面積が減少するため，**凝縮圧力が高くなる**. このような状態になると，圧縮機駆動用電動機の電力消費量が増加する.

14.8.3　冷媒の充填・回収作業

14.8.1項の冷媒充填量の不足や**14.8.2項**の冷媒の過充填状態では，装置の安定した運転ができないため，冷媒量を適切な充填量にしなければならない.

その場合，冷媒を追加充填したり，冷媒回収をしなければならないが，フロン冷媒の大気中への排出を抑制するために，**フロン排出抑制法**が実施されているので，冷媒の充填・回収作業には注意が必要である.

冷媒量が不足の場合，応急的な充填が必要な場合以外は，その冷媒が減少した原因を明確にしないと，冷媒を充填してはならない. まずは，システムの漏

えい点検により，冷媒漏れ箇所を特定する．次に，冷媒を全量回収し，冷媒漏れ箇所を修理する．そして，加圧漏えい試験により，冷媒漏れがないことを確認してから，真空引き，気密の確認を実施後に，適正量の冷媒を充填する．冷媒量が不足している場合には，決して冷媒の追加充填をしてはならない．

また，冷媒の過充填については，試運転時の冷媒充填作業において，過充填にならないよう適正量を封入するようにしなければならないが，結果的に過充填状態となってしまった場合には，運転状態を見ながら冷媒を回収する作業を実施することにより，適正量な充填量とする．決して冷媒を大気放出してはならない．なお，装置に封入している全量の冷媒を回収し適正量の冷媒を再充填することによって，過充填を解消してもよい．

14.9 液戻りと液圧縮

圧縮機が湿り蒸気を吸い込むと，圧縮機の吐出しガス温度が低下する．そして，液戻りがさらに続くと，クランクケースの温かい油に冷媒液が混ざって，それが急激に蒸発して**オイルフォーミング**を生じ，給油ポンプの油圧が下がって潤滑不良となる．

液戻りが多くなり，圧縮機が液圧縮すると冷媒や冷凍機油の液はほとんど非圧縮性のため非常に大きな**シリンダ内圧力の上昇**があり，吐出し弁や吸込み弁を破壊し，最悪の場合にはシリンダの破壊や軸受が異常摩耗する恐れがある．スクリュー圧縮機の場合は，ロータとケーシングの接触によるロータの破損などの恐れがある．

液戻りや液圧縮の起こる原因としては，以下のものが挙げられる．なお，液戻りを防止するため，圧縮機吸込み側に液分離器を設けて圧縮機に液を吸込ませないようにする．(**8.3参照**)．

1) 冷凍負荷が急激に増大すると，蒸発器での冷媒の沸騰が激しくなり，蒸気が液滴をともなって圧縮機に吸い込まれ，液戻りが多いときには液圧縮を起こす．

2) 吸込み蒸気配管の途中に大きな U トラップがあり，運転停止中にトラッ

プに凝縮した冷媒液や油が溜まっていると，圧縮機始動時やアンロードからフルロード運転に切り替わったときに，液戻りが生じる（**10.6.3(2)参照**）．

3) 膨張弁の開き過ぎ（温度自動膨張弁の感温筒が吸込み蒸気配管から外れて，感温筒の温度が上がってしまった場合など）により過剰な液が蒸発器に流入したとき液戻りが生じる．

4) 運転停止時に，蒸発器に冷媒液が過度に滞留していた場合には，圧縮機を再始動したとき液戻りを生じる．

14.10　液封

高圧液配管のように，液で満たされている管が運転停止時に両端の弁が閉じられると，管内は液で満たされた状態（**液封**）になり，この部分が外部から温められる（たとえばボイラ室内を管が通っている場合）と，管内の冷媒液は膨張しようとするため，非常に高い圧力を生じて，**弁の破壊などの重大事故が発生**する．

装置の中にこのような液封となる箇所がある場合には，そこに安全弁や破裂板，または圧力逃がし装置（有効に直接圧力を逃がすことのできる装置）を取り付ける．

液封の発生しやすい箇所としては，次のようなものがあり，運転中の**温度が低い冷媒液の配管に多い**．

1) 冷媒液強制循環方式の装置の冷媒液ポンプ出口から蒸発器までの低圧液配管

2) 受液器から膨張弁（蒸発器）までの高圧液配管（とくに，二段圧縮装置）

186

付表 1　R 22 の飽和表

温度	圧力	比体積		比エンタルピー		比エントロピー	
t	p	v'	v''	h'	h''	s'	s''
℃	MPa	m³/kg	m³/kg	kJ/kg	kJ/kg	kJ/(kg·K)	kJ/(kg·K)
-60	0.0375	0.000683	0.53641	133.18	378.71	0.7254	1.8773
-58	0.0420	0.000686	0.48261	135.41	379.66	0.7358	1.8711
-56	0.0469	0.000689	0.43520	137.63	380.61	0.7461	1.8650
-54	0.0523	0.000691	0.39332	139.85	381.55	0.7562	1.8591
-52	0.0582	0.000694	0.35623	142.06	382.50	0.7662	1.8534
-50	0.0645	0.000697	0.32330	144.27	383.43	0.7762	1.8479
-48	0.0715	0.000700	0.29400	146.47	384.37	0.7860	1.8426
-46	0.0790	0.000702	0.26786	148.67	385.29	0.7957	1.8374
-44	0.0871	0.000705	0.24450	150.87	386.22	0.8053	1.8323
-42	0.0958	0.000708	0.22358	153.07	387.13	0.8148	1.8274
-40.816	0.101325	0.000710	0.21222	154.35	387.83	0.8202	1.8251
-40	0.1053	0.000711	0.20480	155.27	388.04	0.8243	1.8226
-38	0.1154	0.000714	0.18790	157.46	388.95	0.8336	1.8180
-36	0.1263	0.000717	0.17268	159.66	389.85	0.8429	1.8135
-34	0.1380	0.000720	0.15894	161.86	390.74	0.8521	1.8091
-32	0.1505	0.000723	0.14651	164.06	391.62	0.8612	1.8049
-30	0.1639	0.000726	0.13524	166.26	392.50	0.8702	1.8007
-28	0.1782	0.000729	0.12502	168.47	393.37	0.8792	1.7967
-26	0.1934	0.000733	0.11573	170.67	394.24	0.8882	1.7927
-24	0.2097	0.000736	0.10726	172.89	395.09	0.8970	1.7889
-22	0.2269	0.000739	0.09954	175.11	395.94	0.9058	1.7851
-20	0.2453	0.000743	0.09249	177.33	396.77	0.9146	1.7815
-18	0.2648	0.000746	0.08603	179.56	397.60	0.9233	1.7779
-16	0.2854	0.000750	0.08012	181.80	398.42	0.9320	1.7744
-14	0.3072	0.000753	0.07470	184.04	399.23	0.9406	1.7710
-12	0.3303	0.000757	0.06971	186.29	400.03	0.9492	1.7676
-10	0.3547	0.000761	0.06513	188.55	400.81	0.9578	1.7644
-8	0.3805	0.000764	0.06090	190.82	401.59	0.9663	1.7612
-6	0.4076	0.000768	0.05701	193.10	402.36	0.9748	1.7581
-4	0.4362	0.000772	0.05341	195.39	403.11	0.9832	1.7550
-2	0.4663	0.000776	0.05008	197.69	403.85	0.9916	1.7520
0	0.4979	0.000780	0.04700	200.00	404.74	1.0000	1.7495
2	0.5311	0.000785	0.04415	202.32	405.29	1.0084	1.7461
4	0.5659	0.000789	0.04150	204.66	405.99	1.0168	1.7432
6	0.6025	0.000793	0.03904	207.01	406.68	1.0251	1.7404
8	0.6408	0.000798	0.03675	209.37	407.35	1.0334	1.7376
10	0.6809	0.000802	0.03462	211.74	408.01	1.0417	1.7349
12	0.7228	0.000807	0.03263	214.13	408.65	1.0500	1.7322
14	0.7666	0.000812	0.03078	216.54	409.28	1.0583	1.7295
16	0.8124	0.000816	0.02905	218.96	409.88	1.0666	1.7269
18	0.8602	0.000821	0.02743	221.39	410.47	1.0748	1.7243
20	0.9100	0.000826	0.02592	223.85	411.04	1.0831	1.7217
22	0.9620	0.000832	0.02451	226.32	411.59	1.0914	1.7191
24	1.0161	0.000837	0.02318	228.80	412.12	1.0996	1.7165
26	1.0725	0.000843	0.02193	231.31	412.63	1.1078	1.7140
28	1.1311	0.000848	0.02076	233.83	413.12	1.1161	1.7114
30	1.1920	0.000854	0.01967	236.37	413.58	1.1243	1.7089
32	1.2554	0.000860	0.01863	238.94	414.02	1.1326	1.7063
34	1.3212	0.000866	0.01766	241.52	414.43	1.1408	1.7038
36	1.3895	0.000873	0.01674	244.13	414.82	1.1491	1.7012
38	1.4604	0.000879	0.01588	246.75	415.17	1.1574	1.6986
40	1.5339	0.000886	0.01506	249.40	415.50	1.1656	1.6960
42	1.6101	0.000893	0.01429	252.07	415.80	1.1739	1.6934
44	1.6891	0.000900	0.01356	254.77	416.06	1.1822	1.6908
46	1.7708	0.000908	0.01287	257.50	416.29	1.1906	1.6881
48	1.8555	0.000916	0.01221	260.25	416.47	1.1989	1.6854
50	1.9431	0.000924	0.01159	263.03	416.62	1.2073	1.6826
52	2.0337	0.000932	0.01100	265.84	416.73	1.2157	1.6798
54	2.1274	0.000941	0.01045	268.68	416.79	1.2242	1.6769
56	2.2243	0.000951	0.00991	271.56	416.80	1.2326	1.6739
58	2.3244	0.000960	0.00941	274.47	416.76	1.2412	1.6709
60	2.4278	0.000971	0.00893	277.42	416.66	1.2498	1.6677
62	2.5345	0.000981	0.00846	280.42	416.49	1.2584	1.6644
64	2.6448	0.000993	0.00803	283.46	416.26	1.2672	1.6610
66	2.7586	0.001005	0.00760	286.56	415.95	1.2760	1.6575
68	2.8761	0.001018	0.00720	289.71	415.56	1.2849	1.6538

付表 1 R 22 の飽和表（つづき）

温度	圧力	比体積		比エンタルピー		比エントロピー	
t ℃	p MPa	v' m³/kg	v'' m³/kg	h' kJ/kg	h'' kJ/kg	s' kJ/(kg·K)	s'' kJ/(kg·K)
70	2.9973	0.001031	0.00682	292.92	415.08	1.2939	1.6499
72	3.1223	0.001046	0.00644	296.21	414.49	1.3031	1.6458
74	3.2513	0.001062	0.00609	299.57	413.78	1.3124	1.6414
76	3.3843	0.001079	0.00574	303.03	412.94	1.3220	1.6367
78	3.5215	0.001098	0.00540	306.60	411.94	1.3317	1.6317
80	3.6631	0.001119	0.00508	310.30	410.75	1.3418	1.6262
96.15	4.9876	0.0019493	0.0019493	368.27	368.27	1.4961	1.4961

付表 2　R 32 の飽和表

温度	圧力	比体積		比エンタルピー		比エントロピー	
t ℃	p MPa	v' m³/kg	v'' m³/kg	h' kJ/kg	h'' kJ/kg	s' kJ/(kg·K)	s'' kJ/(kg·K)
-50	0.1101	0.00082757	0.30944	117.22	497.27	0.6683	2.3714
-48	0.1216	0.00083140	0.28188	120.40	498.26	0.6824	2.3607
-46	0.1340	0.00083529	0.25722	123.60	499.23	0.6965	2.3502
-44	0.1474	0.00083924	0.23513	126.80	500.17	0.7105	2.3399
-42	0.1619	0.00084326	0.21528	130.01	501.11	0.7244	2.3298
-40	0.1774	0.00084735	0.19743	133.23	502.02	0.7382	2.3200
-38	0.1941	0.00085150	0.18133	136.45	502.91	0.7519	2.3103
-36	0.2120	0.00085572	0.16680	139.69	503.78	0.7655	2.3008
-34	0.2311	0.00086002	0.15365	142.93	504.63	0.7791	2.2916
-32	0.2516	0.00086439	0.14173	146.18	505.47	0.7926	2.2824
-30	0.2734	0.00086885	0.13091	149.45	506.27	0.8060	2.2735
-28	0.2967	0.00087338	0.12107	152.72	507.06	0.8193	2.2647
-26	0.3216	0.00087800	0.11211	156.01	507.83	0.8326	2.2561
-24	0.3480	0.00088271	0.10393	159.31	508.57	0.8458	2.2476
-22	0.3760	0.00088751	0.096462	162.62	509.28	0.8589	2.2392
-20	0.4058	0.00089241	0.089628	165.94	509.97	0.8720	2.2310
-18	0.4373	0.00089741	0.083367	169.28	510.64	0.8850	2.2229
-16	0.4707	0.00090251	0.077622	172.63	511.28	0.8979	2.2149
-14	0.5060	0.00090771	0.072343	175.99	511.89	0.9109	2.2070
-12	0.5433	0.00091304	0.067487	179.37	512.47	0.9237	2.1992
-10	0.5826	0.00091847	0.063013	182.76	513.02	0.9365	2.1915
-8	0.6241	0.00092404	0.058887	186.18	513.54	0.9493	2.1839
-6	0.6679	0.00092973	0.055076	189.60	514.03	0.9620	2.1764
-4	0.7139	0.00093555	0.051552	193.05	514.49	0.9747	2.1690
-2	0.7623	0.00094152	0.048291	196.52	514.91	0.9874	2.1616
0	0.8131	0.00094760	0.045270	200.00	515.30	1.0000	2.1543
2	0.8665	0.00095391	0.042462	203.50	515.65	1.0126	2.1471
4	0.9225	0.00096034	0.039857	207.03	515.96	1.0252	2.1399
6	0.9811	0.00096695	0.037434	210.58	516.24	1.0377	2.1327
8	1.0426	0.00097374	0.035179	214.15	516.47	1.0503	2.1256
10	1.1069	0.00098073	0.033077	217.74	516.66	1.0628	2.1185
12	1.1742	0.00098792	0.031117	221.36	516.80	1.0753	2.1114
14	1.2445	0.00099532	0.029287	225.01	516.903	1.0878	2.1043
16	1.3179	0.0010030	0.027576	228.68	516.953	1.1003	2.0972
18	1.3946	0.0010108	0.025975	232.39	516.952	1.1128	2.0902
20	1.4746	0.0010190	0.024476	236.12	516.90	1.1253	2.0831
22	1.5579	0.0010274	0.023071	239.89	516.79	1.1378	2.0760
24	1.6448	0.0010361	0.021753	243.69	516.62	1.1503	2.0688
26	1.7353	0.0010451	0.020515	247.53	516.39	1.1629	2.0616
28	1.8295	0.0010545	0.019351	251.40	516.09	1.1755	2.0544
30	1.9275	0.0010643	0.018256	255.32	515.72	1.1881	2.0471
32	2.0294	0.0010744	0.017225	259.28	515.29	1.2007	2.0397
34	2.1353	0.0010850	0.016252	263.28	514.77	1.2134	2.0322
36	2.2454	0.0010960	0.015335	267.34	514.17	1.2262	2.0246
38	2.3597	0.0011076	0.014468	271.45	513.49	1.2391	2.0169

付表2 R 32 の飽和表（つづき）

温度	圧力	比体積		比エンタルピー		比エントロピー	
t ℃	p MPa	v' m³/kg	v'' m³/kg	h' kJ/kg	h'' kJ/kg	s' kJ/(kg·K)	s'' kJ/(kg·K)
40	2.4783	0.0011198	0.013649	275.61	512.71	1.2520	2.0091
42	2.6014	0.0011325	0.012873	279.84	511.82	1.2650	2.0011
44	2.7292	0.0011460	0.012138	284.13	510.83	1.2781	1.9929
46	2.8616	0.0011603	0.011440	288.50	509.72	1.2914	1.9845
48	2.9989	0.0011754	0.010777	292.95	508.48	1.3048	1.9759
50	3.1412	0.0011915	0.010147	297.49	507.10	1.3183	1.9670
52	3.2887	0.0012088	0.0095466	302.12	505.57	1.3321	1.9578
54	3.4415	0.0012273	0.0089735	306.87	503.86	1.3461	1.9482
56	3.5997	0.0012474	0.0084255	311.74	501.95	1.3603	1.9382
58	3.7635	0.0012692	0.0079003	316.75	499.82	1.3749	1.9277
60	3.9332	0.0012931	0.0073957	321.93	497.44	1.3898	1.9166
62	4.1089	0.0013197	0.0069092	327.30	494.76	1.4052	1.9048
64	4.2909	0.0013493	0.0064382	332.90	491.73	1.4211	1.8922
66	4.4793	0.0013831	0.0059798	338.78	488.26	1.4377	1.8785
68	4.6745	0.0014222	0.0055301	345.02	484.25	1.4553	1.8634
70	4.8768	0.0014686	0.0050842	351.73	479.52	1.4740	1.8464
78.105	5.7826	0.0023585	0.0023585	414.15	414.15	1.6487	1.6487

付表 3　R 134 a の飽和表

温度	圧力	比体積		比エンタルピー		比エントロピー	
t	p	v'	v''	h'	h''	s'	s''
℃	MPa	m³/kg	m³/kg	kJ/kg	kJ/kg	kJ/(kg·K)	kJ/(kg·K)
-60	0.0159	0.000678	1.07903	123.36	361.31	0.6846	1.8010
-58	0.0181	0.000681	0.95653	125.81	362.58	0.6961	1.7965
-56	0.0205	0.000683	0.85022	128.27	363.84	0.7074	1.7922
-54	0.0232	0.000686	0.75768	130.73	365.11	0.7187	1.7882
-52	0.0262	0.000689	0.67690	133.20	366.38	0.7299	1.7843
-50	0.0295	0.000691	0.60619	135.67	367.65	0.7410	1.7806
-48	0.0331	0.000694	0.54414	138.15	368.92	0.7521	1.7770
-46	0.0370	0.000697	0.48955	140.64	370.19	0.7631	1.7736
-44	0.0413	0.000700	0.44139	143.14	371.46	0.7740	1.7704
-42	0.0461	0.000703	0.39881	145.64	372.73	0.7848	1.7673
-40	0.0512	0.000705	0.36107	148.14	374.00	0.7956	1.7643
-38	0.0568	0.000708	0.32755	150.66	375.27	0.8063	1.7615
-36	0.0629	0.000711	0.29770	153.18	376.54	0.8170	1.7588
-34	0.0695	0.000714	0.27108	155.71	377.80	0.8276	1.7563
-32	0.0767	0.000717	0.24727	158.25	379.06	0.8381	1.7538
-30	0.0844	0.000720	0.22594	160.79	380.32	0.8486	1.7515
-28	0.0927	0.000723	0.20680	163.34	381.57	0.8591	1.7492
-26	0.1008	0.000726	0.19106	165.67	382.71	0.8685	1.7473
-26	0.1017	0.000727	0.18958	165.90	382.82	0.8694	1.7471
-24	0.1113	0.000730	0.17406	168.47	384.07	0.8798	1.7451
-22	0.1216	0.000733	0.16006	171.05	385.32	0.8900	1.7432
-20	0.1327	0.000736	0.14739	173.64	386.55	0.9002	1.7413
-18	0.1446	0.000740	0.13592	176.23	387.79	0.9104	1.7396
-16	0.1573	0.000743	0.12551	178.83	389.02	0.9205	1.7379
-14	0.1708	0.000746	0.11605	181.44	390.24	0.9306	1.7363
-12	0.1852	0.000750	0.10744	184.07	391.46	0.9407	1.7348
-10	0.2006	0.000754	0.09959	186.70	392.66	0.9506	1.7334
-8	0.2169	0.000757	0.09242	189.34	393.87	0.9606	1.7320
-6	0.2343	0.000761	0.08587	191.99	395.06	0.9705	1.7307
-4	0.2527	0.000765	0.07987	194.65	396.25	0.9804	1.7294
-2	0.2722	0.000768	0.07436	197.32	397.43	0.9902	1.7282
0	0.2928	0.000772	0.06931	200.00	398.60	1.0000	1.7271
2	0.3146	0.000776	0.06466	202.69	399.77	1.0098	1.7260
4	0.3377	0.000780	0.06039	205.40	400.92	1.0195	1.7250
6	0.3620	0.000785	0.05644	208.11	402.06	1.0292	1.7240
8	0.3876	0.000789	0.05280	210.84	403.20	1.0388	1.7230
10	0.4146	0.000793	0.04944	213.58	404.32	1.0485	1.7221
12	0.4430	0.000797	0.04633	216.33	405.43	1.0581	1.7212
14	0.4729	0.000802	0.04345	219.09	406.53	1.0677	1.7204
16	0.5043	0.000807	0.04078	221.87	407.61	1.0772	1.7196
18	0.5372	0.000811	0.03830	224.66	408.69	1.0867	1.7188
20	0.5717	0.000816	0.03600	227.47	409.75	1.0962	1.7180
22	0.6079	0.000821	0.03385	230.29	410.79	1.1057	1.7173
24	0.6458	0.000826	0.03186	233.12	411.82	1.1152	1.7166
26	0.6854	0.000831	0.03000	235.97	412.84	1.1246	1.7159
28	0.7269	0.000837	0.02826	238.84	413.84	1.1341	1.7152
30	0.7702	0.000842	0.02664	241.72	414.82	1.1435	1.7145
32	0.8154	0.000848	0.02513	244.62	415.78	1.1529	1.7138
34	0.8626	0.000854	0.02371	247.54	416.72	1.1623	1.7131
36	0.9118	0.000860	0.02238	250.48	417.65	1.1717	1.7124
38	0.9632	0.000866	0.02113	253.43	418.55	1.1811	1.7118
40	1.0166	0.000872	0.01997	256.41	419.43	1.1905	1.7111
42	1.0722	0.000879	0.01887	259.41	420.28	1.1999	1.7103
44	1.1301	0.000885	0.01784	262.43	421.11	1.2092	1.7096
46	1.1903	0.000892	0.01687	265.47	421.92	1.2186	1.7089
48	1.2529	0.000900	0.01595	268.53	422.69	1.2280	1.7081
50	1.3179	0.000907	0.01509	271.62	423.44	1.2375	1.7072
52	1.3854	0.000915	0.01428	274.74	424.15	1.2469	1.7064
54	1.4555	0.000923	0.01351	277.89	424.83	1.2563	1.7055
56	1.5282	0.000932	0.01278	281.06	425.47	1.2658	1.7045
58	1.6036	0.000941	0.01209	284.27	426.07	1.2753	1.7035

付表3 R 134 a の飽和表（つづき）

温度	圧力	比体積		比エンタルピー		比エントロピー	
t ℃	p MPa	v' m³/kg	v'' m³/kg	h' kJ/kg	h'' kJ/kg	s' kJ/(kg·K)	s'' kJ/(kg·K)
60	1.6818	0.000950	0.01144	287.50	426.63	1.2848	1.7024
62	1.7628	0.000960	0.01083	290.78	427.14	1.2944	1.7013
64	1.8467	0.000970	0.01024	294.09	427.61	1.3040	1.7000
66	1.9337	0.000980	0.00969	297.44	428.02	1.3137	1.6987
68	2.0237	0.000992	0.00916	300.84	428.36	1.3234	1.6972
70	2.1168	0.001004	0.00865	304.28	428.65	1.3332	1.6956
72	2.2132	0.001017	0.00817	307.78	428.86	1.3430	1.6939
74	2.3130	0.001030	0.00771	311.33	429.00	1.3530	1.6920
76	2.4161	0.001045	0.00727	314.94	429.04	1.3631	1.6899
78	2.5228	0.001060	0.00685	318.63	428.98	1.3733	1.6876
80	2.6332	0.001077	0.00645	322.39	428.81	1.3836	1.6850
101.06	4.0592	0.00195	0.00195	389.64	389.64	1.5621	1.5621

192

付表 4　R 410 A の飽和表

温度	圧　力		比体積		比エンタルピー		比エントロピー	
t ℃	p_B MPa	p_D MPa	v_B m³/kg	v_D m³/kg	h_B kJ/kg	h_D kJ/kg	s_B kJ/(kg·K)	s_D kJ/(kg·K)
-50	0.1091	0.1086	0.000743	0.22466	128.56	400.13	0.7138	1.9311
-48	0.1204	0.1199	0.000747	0.20463	131.27	401.17	0.7259	1.9249
-46	0.1327	0.1321	0.000750	0.18671	133.99	402.20	0.7379	1.9189
-44	0.1459	0.1453	0.000754	0.17066	136.72	403.22	0.7498	1.9130
-42	0.1602	0.1595	0.000758	0.15625	139.46	404.22	0.7617	1.9073
-40	0.1755	0.1748	0.000761	0.14328	142.22	405.21	0.7735	1.9017
-38	0.1920	0.1912	0.000765	0.13159	144.98	406.19	0.7852	1.8963
-36	0.2097	0.2088	0.000769	0.12103	147.76	407.16	0.7969	1.8910
-34	0.2285	0.2276	0.000773	0.11148	150.55	408.12	0.8086	1.8858
-32	0.2487	0.2478	0.000777	0.10283	153.35	409.06	0.8202	1.8808
-30	0.2703	0.2692	0.000781	0.09498	156.16	409.98	0.8317	1.8758
-28	0.2932	0.2921	0.000785	0.08783	158.98	410.89	0.8432	1.8710
-26	0.3177	0.3165	0.000789	0.08133	161.82	411.79	0.8547	1.8663
-24	0.3437	0.3424	0.000794	0.07540	164.67	412.67	0.8661	1.8616
-22	0.3713	0.3699	0.000798	0.06998	167.53	413.53	0.8774	1.8571
-20	0.4005	0.3991	0.000802	0.06502	170.41	414.38	0.8887	1.8527
-18	0.4315	0.4300	0.000807	0.06047	173.30	415.20	0.9000	1.8483
-16	0.4643	0.4627	0.000812	0.05630	176.20	416.01	0.9113	1.8440
-14	0.4990	0.4973	0.000817	0.05247	179.12	416.80	0.9225	1.8398
-12	0.5356	0.5338	0.000821	0.04895	182.06	417.57	0.9336	1.8357
-10	0.5743	0.5723	0.000826	0.04570	185.01	418.32	0.9448	1.8316
-8	0.6150	0.6129	0.000832	0.04271	187.97	419.05	0.9559	1.8275
-6	0.6578	0.6556	0.000837	0.03994	190.95	419.75	0.9669	1.8236
-4	0.7029	0.7005	0.000842	0.03738	193.95	420.44	0.9780	1.8196
-2	0.7503	0.7478	0.000848	0.03502	196.97	421.09	0.9890	1.8157
0	0.8000	0.7974	0.000854	0.03282	200.00	421.72	1.0000	1.8119
2	0.8522	0.8494	0.000859	0.03078	203.05	422.33	1.0110	1.8081
4	0.9070	0.9040	0.000866	0.02889	206.12	422.90	1.0219	1.8043
6	0.9643	0.9611	0.000872	0.02713	209.22	423.45	1.0329	1.8005
8	1.0243	1.0209	0.000878	0.02549	212.33	423.97	1.0438	1.7967
10	1.0871	1.0835	0.000885	0.02396	215.46	424.45	1.0547	1.7930
12	1.1527	1.1490	0.000892	0.02254	218.62	424.90	1.0656	1.7892
14	1.2212	1.2173	0.000899	0.02121	221.80	425.32	1.0765	1.7854
16	1.2928	1.2887	0.000906	0.01996	225.01	425.70	1.0874	1.7817
18	1.3674	1.3631	0.000913	0.01880	228.24	426.04	1.0984	1.7779
20	1.4453	1.4407	0.000921	0.01771	231.50	426.34	1.1093	1.7740
22	1.5264	1.5216	0.000929	0.01668	234.79	426.59	1.1202	1.7702
24	1.6109	1.6059	0.000938	0.01572	238.12	426.80	1.1312	1.7663
26	1.6988	1.6936	0.000946	0.01482	241.47	426.95	1.1421	1.7623
28	1.7903	1.7848	0.000955	0.01397	244.86	427.06	1.1531	1.7583
30	1.8854	1.8797	0.000965	0.01317	248.29	427.11	1.1642	1.7542
32	1.9843	1.9784	0.000975	0.01241	251.75	427.09	1.1753	1.7500
34	2.0870	2.0809	0.000985	0.01170	255.26	427.02	1.1864	1.7457
36	2.1937	2.1874	0.000996	0.01103	258.82	426.87	1.1976	1.7413
38	2.3045	2.2979	0.001008	0.01039	262.43	426.64	1.2089	1.7368
40	2.4194	2.4126	0.001020	0.00979	266.09	426.34	1.2202	1.7321
42	2.5386	2.5317	0.001033	0.00922	269.81	425.94	1.2317	1.7272
44	2.6623	2.6552	0.001047	0.00867	273.60	425.44	1.2432	1.7221
46	2.7905	2.7832	0.001062	0.00816	277.46	424.83	1.2549	1.7168
48	2.9234	2.9159	0.001078	0.00767	281.40	424.10	1.2668	1.7112
50	3.0611	3.0535	0.001095	0.00720	285.44	423.22	1.2789	1.7054
52	3.2037	3.1961	0.001114	0.00674	289.58	422.19	1.2912	1.6991
54	3.3516	3.3439	0.001135	0.00631	293.85	420.97	1.3037	1.6924
56	3.5047	3.4971	0.001158	0.00590	298.26	419.54	1.3166	1.6852
58	3.6633	3.6558	0.001183	0.00549	302.85	417.84	1.3299	1.6773
60	3.8277	3.8204	0.001212	0.00510	307.64	415.82	1.3438	1.6686
62	3.9981	3.9910	0.001246	0.00471	312.72	413.39	1.3583	1.6588
64	4.1747	4.1680	0.001287	0.00433	318.15	410.42	1.3738	1.6475
71.95	4.9483	4.9483	0.002119	0.00212	368.31	368.31	1.5169	1.5169

添字　B：沸点，D：露点

付表5 R 1234yf の飽和表

温度	圧力	比体積		比エンタルピー		比エントロピー	
t ℃	p MPa	v' m³/kg	v'' m³/kg	h' kJ/kg	h'' kJ/kg	s' kJ/(kg·K)	s'' kJ/(kg·K)
− 50	0.036912	0.00075689	0.42977	137.78	329.88	0.74976	1.6106
48	0.041104	0.00075999	0.38866	140.16	331.23	0.76032	1.6090
− 46	0.045671	0.00076312	0.35220	142.54	332.58	0.77083	1.6075
− 44	0.050635	0.00076630	0.31979	144.93	333.94	0.78129	1.6061
− 42	0.056021	0.00076952	0.29093	147.32	335.29	0.79169	1.6049
− 40	0.061854	0.00077278	0.26516	149.73	336.64	0.80204	1.6037
− 38	0.068159	0.00077609	0.24211	152.15	338.00	0.81234	1.6027
− 36	0.074962	0.00077944	0.22145	154.57	339.35	0.82259	1.6017
− 34	0.082291	0.00078285	0.20289	157.01	340.70	0.83280	1.6009
− 32	0.090174	0.00078630	0.18618	159.45	342.06	0.84295	1.6002
− 30	0.098638	0.00078981	0.17112	161.91	343.41	0.85306	1.5995
− 29.39	0.101325	0.00079088	0.16685	162.66	343.82	0.85612	1.5993
− 28	0.10771	0.00079336	0.15752	164.37	344.76	0.86313	1.5990
− 26	0.11743	0.00079698	0.14521	166.85	346.11	0.87315	1.5985
− 24	0.12781	0.00080065	0.13405	169.33	347.46	0.88313	1.5981
− 22	0.13890	0.00080438	0.12392	171.83	348.81	0.89307	1.5978
− 20	0.15072	0.00080817	0.11471	174.33	350.15	0.90296	1.5975
− 18	0.16330	0.00081203	0.10631	176.85	351.50	0.91282	1.5973
− 16	0.17668	0.00081595	0.098656	179.38	352.84	0.92265	1.5972
− 14	0.19089	0.00081994	0.091658	181.91	354.17	0.93243	1.5971
− 12	0.20596	0.00082400	0.085255	184.46	355.51	0.94218	1.5972
− 10	0.22193	0.00082814	0.079387	187.02	356.84	0.95190	1.5972
− 8	0.23883	0.00083236	0.074002	189.59	358.16	0.96158	1.5973
− 6	0.25670	0.00083665	0.069054	192.18	359.49	0.97123	1.5975
− 4	0.27557	0.00084103	0.064500	194.77	360.80	0.98085	1.5977
− 2	0.29547	0.00084549	0.060305	197.38	362.12	0.99044	1.5980
0	0.31645	0.00085005	0.056434	200.00	363.42	1.0000	1.5983
2	0.33854	0.00085470	0.052859	202.63	364.72	1.0095	1.5986
4	0.36177	0.00085944	0.049553	205.28	366.01	1.0190	1.5990
6	0.38619	0.00086429	0.046491	207.94	367.30	1.0285	1.5994
8	0.41184	0.00086925	0.043653	210.61	368.58	1.0380	1.5999
10	0.43874	0.00087432	0.041020	213.29	369.85	1.0474	1.6003
12	0.46694	0.00087951	0.038573	215.99	371.11	1.0568	1.6008
14	0.49648	0.00088482	0.036297	218.71	372.37	1.0662	1.6013
16	0.52740	0.00089026	0.034177	221.44	373.61	1.0756	1.6019
18	0.55974	0.00089583	0.032202	224.18	374.85	1.0850	1.6024
20	0.59353	0.00090155	0.030359	226.94	376.07	1.0943	1.6030
22	0.62883	0.00090742	0.028638	229.71	377.28	1.1036	1.6036
24	0.66567	0.00091344	0.027029	232.50	378.48	1.1129	1.6042
26	0.70409	0.00091963	0.025523	235.31	379.67	1.1222	1.6048
28	0.74413	0.00092600	0.024112	238.14	380.84	1.1315	1.6054
30	0.78585	0.00093256	0.022790	240.98	381.99	1.1408	1.6060
32	0.82927	0.00093931	0.021548	243.84	383.13	1.1501	1.6065
34	0.87446	0.00094627	0.020382	246.72	384.26	1.1593	1.6071
36	0.92145	0.00095345	0.019286	249.62	385.36	1.1686	1.6077
38	0.97028	0.00096087	0.018254	252.54	386.45	1.1779	1.6082

付表 5　R 1234yf の飽和表（つづき）

温度	圧力	比体積		比エンタルピー		比エントロピー	
t	p	v'	v''	h'	h''	s'	s''
℃	MPa	m³/kg	m³/kg	kJ/kg	kJ/kg	kJ/(kg·K)	kJ/(kg·K)
40	1.0210	0.00096854	0.017282	255.48	387.51	1.1871	1.6088
42	1.0737	0.00097648	0.016365	258.44	388.56	1.1964	1.6093
44	1.1283	0.00098471	0.015500	261.43	389.58	1.2057	1.6097
46	1.1850	0.00099325	0.014683	264.44	390.57	1.2149	1.6102
48	1.2438	0.0010021	0.013910	267.47	391.53	1.2242	1.6106
50	1.3048	0.0010114	0.013179	270.53	392.47	1.2335	1.6109
52	1.3679	0.0010210	0.012486	273.62	393.37	1.2429	1.6112
54	1.4333	0.0010310	0.011828	276.73	394.24	1.2522	1.6114
56	1.5010	0.0010416	0.011204	279.88	395.07	1.2616	1.6116
58	1.5711	0.0010526	0.010611	283.06	395.86	1.2710	1.6116
60	1.6436	0.0010642	0.010047	286.28	396.61	1.2805	1.6116
62	1.7185	0.0010764	0.0095094	289.53	397.30	1.2900	1.6115
64	1.7961	0.0010894	0.0089964	292.83	397.94	1.2995	1.6113
66	1.8763	0.0011031	0.0085063	296.17	398.52	1.3091	1.6109
68	1.9592	0.0011177	0.0080373	299.55	399.03	1.3188	1.6104
70	2.0449	0.0011333	0.0075876	302.99	399.46	1.3286	1.6097
72	2.1334	0.0011500	0.0071555	306.49	399.81	1.3385	1.6088
74	2.2250	0.0011682	0.0067395	310.06	400.05	1.3485	1.6077
76	2.3196	0.0011879	0.0063377	313.71	400.18	1.3586	1.6063
78	2.4174	0.0012096	0.0059482	317.45	400.18	1.3690	1.6046
80	2.5185	0.0012337	0.0055692	321.29	400.00	1.3795	1.6024
82	2.6231	0.0012609	0.0051981	325.26	399.63	1.3904	1.5998
84	2.7313	0.0012920	0.0048320	329.40	399.00	1.4016	1.5965
86	2.8434	0.0013287	0.0044668	333.76	398.04	1.4134	1.5923
88	2.9595	0.0013735	0.0040964	338.43	396.60	1.4259	1.5870
90	3.0801	0.0014318	0.0037094	343.59	394.44	1.4397	1.5797
92	3.2057	0.0015173	0.0032794	349.67	390.93	1.4559	1.5689
94	3.3371	0.0016999	0.0026918	358.81	383.39	1.4802	1.5472
94.70	3.382	0.002092	0.002092	370.98	370.98	1.5131	1.5131

付表6 R 1234ze の飽和表

温度	圧力	比体積		比エンタルピー		比エントロピー	
t ℃	p MPa	v' m³/kg	v'' m³/kg	h' kJ/kg	h'' kJ/kg	s' kJ/(kg·K)	s'' kJ/(kg·K)
-50	0.020959	0.00072786	0.76576	137.92	349.66	0.75000	1.6989
-48	0.023562	0.00073051	0.68639	140.29	351.04	0.76055	1.6966
-46	0.026425	0.00073319	0.61664	142.66	352.42	0.77105	1.6945
-44	0.029566	0.00073589	0.55519	145.05	353.80	0.78149	1.6925
-42	0.033004	0.00073866	0.50095	147.44	355.18	0.79188	1.6906
-40	0.036760	0.00074145	0.45294	149.85	356.57	0.80223	1.6889
-38	0.040854	0.00074427	0.41034	152.26	357.96	0.81252	1.6873
-36	0.045310	0.00074710	0.37248	154.68	359.34	0.82276	1.6858
-34	0.050148	0.00075002	0.33874	157.11	360.73	0.83296	1.6844
-32	0.055394	0.00075296	0.30861	159.55	362.12	0.84311	1.6831
-30	0.061071	0.00075592	0.28166	162.01	363.51	0.85321	1.6819
-28	0.067203	0.00075896	0.25750	164.47	364.89	0.86327	1.6808
-26	0.073817	0.00076202	0.23580	166.94	366.28	0.87329	1.6798
-24	0.080938	0.00076511	0.21627	169.42	367.66	0.88326	1.6789
-22	0.088595	0.00076829	0.19866	171.91	369.05	0.89320	1.6781
-20	0.096813	0.00077143	0.18277	174.41	370.43	0.90309	1.6774
-18.959	0.101325	0.00077316	0.17510	175.72	371.15	0.90823	1.6771
-18	0.10562	0.00077471	0.16838	176.92	371.81	0.91295	1.6768
-16	0.11505	0.00077797	0.15534	179.44	373.19	0.92276	1.6762
-14	0.12513	0.00078131	0.14351	181.97	374.56	0.93254	1.6757
-12	0.13589	0.00078474	0.13275	184.52	375.93	0.94228	1.6753
-10	0.14736	0.00078815	0.12296	187.07	377.30	0.95198	1.6749
-8	0.15957	0.00079170	0.11403	189.63	378.67	0.96165	1.6746
-6	0.17255	0.00079523	0.10587	192.21	380.03	0.97129	1.6743
-4	0.18634	0.00079885	0.098406	194.79	381.39	0.98089	1.6742
-2	0.20097	0.00080257	0.091567	197.39	382.74	0.99046	1.6740
0	0.21648	0.00080632	0.085295	200.00	384.09	1.0000	1.6739
2	0.23289	0.00081011	0.079542	202.62	385.43	1.0095	1.6739
4	0.25025	0.00081400	0.074245	205.25	386.77	1.0190	1.6739
6	0.26858	0.00081800	0.069367	207.89	388.10	1.0284	1.6740
8	0.28793	0.00082203	0.064876	210.55	389.43	1.0379	1.6741
10	0.30833	0.00082617	0.060724	213.22	390.75	1.0472	1.6742
12	0.32981	0.00083036	0.056889	215.89	392.06	1.0566	1.6744
14	0.35242	0.00083465	0.053342	218.59	393.37	1.0659	1.6746
16	0.37619	0.00083900	0.050055	221.29	394.66	1.0753	1.6749
18	0.40116	0.00084345	0.047008	224.01	395.95	1.0846	1.6751
20	0.42738	0.00084803	0.044177	226.74	397.23	1.0938	1.6754
22	0.45487	0.00085266	0.041549	229.48	398.50	1.1031	1.6757
24	0.48368	0.00085749	0.039102	232.23	399.77	1.1123	1.6761
26	0.51385	0.00086229	0.036823	235.00	401.02	1.1215	1.6764
28	0.54542	0.00086730	0.034699	237.79	402.26	1.1307	1.6768
30	0.57843	0.00087237	0.032718	240.58	403.49	1.1398	1.6772
32	0.61293	0.00087765	0.030867	243.40	404.71	1.1490	1.6776
34	0.64896	0.00088300	0.029136	246.22	405.91	1.1581	1.6780
36	0.68655	0.00088842	0.027516	249.07	407.10	1.1672	1.6784
38	0.72576	0.00089405	0.026000	251.92	408.28	1.1763	1.6788

付表6 R 1234ze の飽和表（つづき）

温度	圧力	比体積		比エンタルピー		比エントロピー	
t	p	v'	v"	h'	h"	s'	s"
℃	MPa	m³/kg	m³/kg	kJ/kg	kJ/kg	kJ/(kg·K)	kJ/(kg·K)
40	0.76663	0.00089985	0.024578	254.80	409.44	1.1854	1.6792
42	0.80920	0.00090580	0.023243	257.69	410.59	1.1945	1.6797
44	0.85352	0.00091183	0.021990	260.60	411.72	1.2036	1.6801
46	0.89964	0.00091811	0.020812	263.53	412.83	1.2127	1.6805
48	0.94760	0.00092464	0.019703	266.48	413.92	1.2217	1.6808
50	0.99745	0.00093127	0.018659	269.44	414.99	1.2308	1.6812
52	1.0492	0.00093817	0.017675	272.43	416.05	1.2399	1.6815
54	1.1030	0.00094536	0.016747	275.44	417.07	1.2489	1.6819
56	1.1588	0.00095274	0.015871	278.48	418.08	1.2580	1.6822
58	1.2168	0.00096043	0.015043	281.54	419.06	1.2671	1.6824
60	1.2768	0.00096843	0.014261	284.62	420.01	1.2762	1.6826
62	1.3391	0.00097675	0.013520	287.74	420.93	1.2854	1.6828
64	1.4036	0.00098542	0.012817	290.88	421.82	1.2945	1.6829
66	1.4704	0.00099453	0.012152	294.05	422.67	1.3037	1.6830
68	1.5396	0.0010040	0.011519	297.26	423.48	1.3129	1.6829
70	1.6111	0.0010140	0.010919	300.49	424.26	1.3222	1.6829
72	1.6852	0.0010245	0.010348	303.76	424.98	1.3315	1.6827
74	1.7619	0.0010356	0.0098039	307.07	425.66	1.3408	1.6824
76	1.8411	0.0010473	0.0092859	310.42	426.29	1.3502	1.6820
78	1.9230	0.0010597	0.0087912	313.81	426.85	1.3596	1.6815
80	2.0077	0.0010728	0.0083181	317.24	427.35	1.3691	1.6809
82	2.0952	0.0010868	0.0078660	320.72	427.78	1.3787	1.6801
84	2.1856	0.0011018	0.0074322	324.25	428.13	1.3883	1.6792
86	2.2790	0.0011178	0.0070156	327.85	428.39	1.3980	1.6780
88	2.3755	0.0011352	0.0066146	331.51	428.55	1.4079	1.6766
90	2.4751	0.0011540	0.0062278	335.25	428.59	1.4179	1.6750
92	2.5781	0.0011747	0.0058534	339.08	428.49	1.4281	1.6730
94	2.6845	0.0011976	0.0054894	343.03	428.23	1.4386	1.6706
96	2.7945	0.0012234	0.0051340	347.11	427.77	1.4493	1.6678
98	2.9081	0.0012529	0.0047847	351.35	427.07	1.4604	1.6644
100	3.0256	0.0012873	0.0044379	355.81	426.05	1.4719	1.6602
102	3.1471	0.0013288	0.0040891	360.56	424.59	1.4842	1.6549
104	3.2730	0.0013813	0.0037304	365.73	422.50	1.4975	1.6480
106	3.4036	0.0014535	0.0033450	371.62	419.33	1.5126	1.6384
108	3.5394	0.0015753	0.0028804	379.18	413.70	1.5319	1.6225
109.37	3.6363	0.0020440	0.0020440	395.81	395.81	1.5750	1.5750

付表7　R 290（プロパン）の飽和表

温度	圧力	比体積		比エンタルピー		比エントロピー	
t °C	p MPa	v' m³/kg	v'' m³/kg	h' kJ/kg	h'' kJ/kg	s' kJ/(kg·K)	s'' kJ/(kg·K)
-50	0.07046	0.0016935	0.5797	82.4	516.4	0.5282	2.4731
-48	0.07745	0.0017000	0.5310	86.8	518.8	0.5480	2.4666
-46	0.08497	0.0017066	0.4872	91.3	521.2	0.5676	2.4603
-44	0.09305	0.0017134	0.4478	95.7	523.6	0.5872	2.4542
-42	0.10172	0.0017202	0.4122	100.2	526.0	0.6066	2.4484
-40	0.11101	0.0017271	0.3800	104.7	528.3	0.6260	2.4429
-38	0.12095	0.0017341	0.3509	109.3	530.7	0.6453	2.4376
-36	0.13155	0.0017412	0.3244	113.8	533.1	0.6645	2.4325
-34	0.14287	0.0017484	0.3004	118.4	535.5	0.6837	2.4277
-32	0.15492	0.0017558	0.2785	123.0	537.9	0.7028	2.4230
-30	0.16774	0.0017632	0.25858	127.6	540.2	0.7218	2.4186
-28	0.18136	0.0017708	0.24036	132.3	542.6	0.7407	2.4143
-26	0.19581	0.0017784	0.22369	137.0	544.9	0.7596	2.4103
-24	0.21113	0.0017863	0.20843	141.6	547.3	0.7784	2.4064
-22	0.22734	0.0017942	0.19442	146.4	549.6	0.7971	2.4027
-20	0.24448	0.0018023	0.18156	151.1	551.9	0.8158	2.3992
-18	0.26258	0.0018105	0.16973	155.9	554.3	0.8344	2.3958
-16	0.28168	0.0018188	0.15883	160.7	556.6	0.8530	2.3926
-14	0.30182	0.0018273	0.14877	165.5	558.9	0.8715	2.3895
-12	0.32302	0.0018360	0.13949	170.3	561.2	0.8900	2.3866
-10	0.34532	0.0018448	0.13090	175.2	563.5	0.9084	2.3838
-8	0.36876	0.0018537	0.12296	180.1	565.7	0.9268	2.3812
-6	0.39337	0.0018629	0.11559	185.0	568.0	0.9452	2.3786
-4	0.41919	0.0018722	0.10875	190.0	570.2	0.9635	2.3762
-2	0.44625	0.0018817	0.10240	195.0	572.5	0.9818	2.3739
0	0.47459	0.0018914	0.09650	200.0	574.7	1.0000	2.3717
2	0.50426	0.0019013	0.09100	205.0	576.9	1.0182	2.3696
4	0.53527	0.0019114	0.08588	210.1	579.1	1.0364	2.3676
6	0.56768	0.0019217	0.08110	215.2	581.2	1.0545	2.3656
8	0.60152	0.0019322	0.07663	220.4	583.4	1.0727	2.3638
10	0.63683	0.0019430	0.07246	225.6	585.5	1.0908	2.3620
12	0.67365	0.0019540	0.06855	230.8	587.6	1.1089	2.3603
14	0.71201	0.0019652	0.06490	236.0	589.7	1.1269	2.3587
16	0.75195	0.0019767	0.06147	241.3	591.8	1.1450	2.3571
18	0.79352	0.0019885	0.05825	246.6	593.8	1.1630	2.3556
20	0.83675	0.0020006	0.05523	252.0	595.9	1.1811	2.3541
22	0.88168	0.0020130	0.05239	257.4	597.8	1.1991	2.3527
24	0.92836	0.0020257	0.04971	262.8	599.8	1.2171	2.3513
26	0.9768	0.0020387	0.04720	268.3	601.7	1.2352	2.3499
28	1.0271	0.0020521	0.04482	273.8	603.7	1.2532	2.3486
30	1.0793	0.0020659	0.04259	279.3	605.5	1.2712	2.3472
32	1.1333	0.0020800	0.04047	284.9	607.4	1.2893	2.3459
34	1.1894	0.0020946	0.038477	290.6	609.2	1.3073	2.3445
36	1.2474	0.0021096	0.036590	296.3	610.9	1.3254	2.3432
38	1.3075	0.0021250	0.034803	302.0	612.7	1.3435	2.3418

付表7 R 290（プロパン）の飽和表（つづき）

温度	圧力	比体積		比エンタルピー		比エントロピー	
t ℃	p MPa	v' m³/kg	v'' m³/kg	h' kJ/kg	h'' kJ/kg	s' kJ/(kg·K)	s'' kJ/(kg·K)
40	1.3696	0.0021410	0.033110	307.8	614.3	1.3616	2.3404
42	1.4339	0.0021575	0.031506	313.7	616.0	1.3798	2.3390
44	1.5004	0.0021745	0.029983	319.6	617.5	1.3980	2.3375
46	1.5691	0.0021922	0.028538	325.5	619.1	1.4162	2.3360
48	1.6400	0.0022105	0.027164	331.5	620.5	1.4345	2.3344
50	1.7133	0.0022295	0.025857	337.6	621.9	1.4529	2.3327
52	1.7890	0.0022493	0.024612	343.7	623.3	1.4713	2.3310
54	1.8671	0.0022699	0.023427	349.9	624.5	1.4898	2.3291
56	1.9477	0.0022914	0.022296	356.2	625.7	1.5083	2.3271
58	2.0308	0.0023139	0.021216	362.6	626.8	1.5270	2.3249
60	2.1166	0.0023375	0.020184	369.0	627.8	1.5458	2.3226
62	2.2050	0.0023623	0.019196	375.5	628.7	1.5647	2.3201
64	2.2961	0.0023885	0.018250	382.2	629.5	1.5838	2.3174
66	2.3900	0.0024162	0.017343	388.9	630.2	1.6030	2.3144
68	2.4867	0.0024456	0.016472	395.7	630.7	1.6224	2.3111
70	2.5864	0.0024770	0.015633	402.7	631.1	1.6421	2.3076
72	2.6891	0.0025107	0.014826	409.8	631.3	1.6620	2.3036
74	2.7948	0.0025469	0.014046	417.1	631.3	1.6822	2.2992
76	2.9038	0.0025862	0.013292	424.5	631.1	1.7027	2.2944
78	3.0160	0.0026292	0.012559	432.1	630.6	1.7237	2.2889
80	3.1315	0.0026766	0.011847	440.0	629.8	1.7451	2.2827
82	3.2505	0.0027295	0.011151	448.1	628.7	1.7671	2.2757
84	3.3730	0.0027892	0.010467	456.6	627.2	1.7899	2.2676
86	3.4993	0.0028580	0.009789	465.4	625.0	1.8136	2.2581
88	3.6296	0.0029392	0.009110	474.8	622.2	1.8387	2.2468
90	3.7640	0.0030385	0.008418	484.9	618.3	1.8656	2.2328
92	3.9029	0.0031676	0.007692	496.3	612.9	1.8954	2.2148
94	4.0466	0.0033570	0.006886	509.8	604.6	1.9312	2.1893
96	4.1953	0.0037678	0.005812	531.0	588.3	1.9874	2.1426
96.68	4.2471	0.0045770	0.004577	558.8	558.8	2.0619	2.0619

付表 8 R 717 (アンモニア) の飽和表

温度	飽和圧力	比体積		比エンタルピー		比エントロピー	
t	p	v'	v''	h'	h''	s'	s''
℃	MPa	m³/kg	m³/kg	kJ/kg	kJ/kg	kJ/(kg·K)	kJ/(kg·K)
-77.65	0.00609	0.0013644	15.601	-143.1	1341.2	-0.4715	7.1213
-76	0.00694	0.0013677	13.799	-136.2	1344.4	-0.4361	7.0736
-74	0.00811	0.0013717	11.931	-127.7	1348.1	-0.3936	7.0173
-72	0.00943	0.0013757	10.350	-119.3	1351.8	-0.3513	6.9623
-70	0.01094	0.0013798	9.009	-110.8	1355.6	-0.3094	6.9088
-68	0.01265	0.0013840	7.865	-102.3	1359.2	-0.2677	6.8566
-66	0.01457	0.0013882	6.888	-93.8	1362.9	-0.2264	6.8057
-64	0.01674	0.0013925	6.0493	-85.2	1366.5	-0.1853	6.7560
-62	0.01917	0.0013969	5.3281	-76.7	1370.2	-0.1446	6.7075
-60	0.02189	0.0014013	4.7058	-68.1	1373.7	-0.1040	6.6602
-58	0.02493	0.0014058	4.1672	-59.4	1377.3	-0.0638	6.6140
-56	0.02832	0.0014103	3.6998	-50.8	1380.8	-0.0238	6.5689
-54	0.03207	0.0014149	3.2931	-42.1	1384.3	0.0159	6.5248
-52	0.03624	0.0014196	2.9382	-33.4	1387.8	0.0553	6.4817
-50	0.04084	0.0014243	2.6277	-24.7	1391.2	0.0945	6.4396
-48	0.04591	0.0014291	2.3554	-16.0	1394.6	0.1334	6.3984
-46	0.05149	0.0014340	2.1159	-7.2	1397.9	0.1721	6.3582
-44	0.05763	0.0014389	1.9048	1.5	1401.2	0.2106	6.3188
-42	0.06434	0.0014439	1.7184	10.3	1404.5	0.2488	6.2803
-40	0.07169	0.0014490	1.5533	19.2	1407.8	0.2867	6.2425
-38	0.07971	0.0014541	1.4068	28.0	1411.0	0.3245	6.2056
-36	0.08845	0.0014593	1.2765	36.9	1414.1	0.3619	6.1694
-34	0.09795	0.0014645	1.1604	45.8	1417.2	0.3992	6.1339
-33.327	0.101325	0.0014663	1.1242	48.8	1418.3	0.4117	6.1221
-32	0.10826	0.0014699	1.0567	54.7	1420.3	0.4362	6.0992
-30	0.11943	0.0014753	0.9640	63.6	1423.3	0.4730	6.0651
-28	0.13152	0.0014808	0.8808	72.6	1426.3	0.5096	6.0317
-26	0.14457	0.0014863	0.8061	81.5	1429.2	0.5460	5.9989
-24	0.15864	0.0014920	0.7390	90.5	1432.1	0.5821	5.9667
-22	0.17379	0.0014977	0.6784	99.5	1434.9	0.6180	5.9351
-20	0.19008	0.0015035	0.6237	108.6	1437.7	0.6538	5.9041
-18	0.20756	0.0015093	0.5743	117.6	1440.4	0.6893	5.8736
-16	0.22631	0.0015153	0.5295	126.7	1443.1	0.7246	5.8437
-14	0.24637	0.0015213	0.4888	135.8	1445.7	0.7597	5.8143
-12	0.26781	0.0015274	0.4519	144.9	1448.2	0.7946	5.7853
-10	0.29071	0.0015336	0.4183	154.0	1450.7	0.8293	5.7569
-8	0.31513	0.0015399	0.3877	163.2	1453.1	0.8638	5.7289
-6	0.34113	0.0015463	0.3597	172.3	1455.5	0.8981	5.7013
-4	0.36880	0.0015528	0.3341	181.5	1457.8	0.9323	5.6741
-2	0.39819	0.0015593	0.3107	190.8	1460.1	0.9662	5.6474
0	0.42938	0.0015660	0.2893	200.0	1462.2	1.0000	5.6210
2	0.46246	0.0015728	0.2696	209.3	1464.4	1.0336	5.5951
4	0.49748	0.0015796	0.2515	218.6	1466.4	1.0670	5.5695
6	0.53453	0.0015866	0.2349	227.9	1468.4	1.1003	5.5442
8	0.57370	0.0015937	0.2196	237.2	1470.3	1.1334	5.5192
10	0.61505	0.0016009	0.2054	246.6	1472.1	1.1664	5.4946
12	0.65867	0.0016082	0.1924	256.0	1473.9	1.1992	5.4703
14	0.70463	0.0016157	0.1803	265.4	1475.6	1.2318	5.4463
16	0.75304	0.0016233	0.1691	274.8	1477.2	1.2643	5.4226
18	0.80396	0.0016310	0.15879	284.3	1478.7	1.2967	5.3991
20	0.85748	0.0016388	0.14920	293.8	1480.2	1.3289	5.3759
22	0.91369	0.0016468	0.14029	303.3	1481.5	1.3610	5.3529
24	0.97268	0.0016549	0.13201	312.9	1482.8	1.3929	5.3301
26	1.03453	0.0016632	0.12431	322.5	1484.0	1.4248	5.3076
28	1.09934	0.0016716	0.11714	332.1	1485.1	1.4565	5.2853
30	1.16720	0.0016802	0.11046	341.8	1486.2	1.4881	5.2631
32	1.23819	0.0016890	0.10422	351.5	1487.1	1.5196	5.2412
34	1.31241	0.0016979	0.09840	361.2	1488.0	1.5509	5.2194
36	1.38996	0.0017070	0.09296	371.0	1488.7	1.5822	5.1978
38	1.47093	0.0017163	0.08787	380.8	1489.4	1.6134	5.1763
40	1.55542	0.0017258	0.08310	390.6	1489.9	1.6446	5.1549

付表 8　R 717（アンモニア）の飽和表（つづき）

温度	飽和圧力	比体積		比エンタルピー		比エントロピー	
t	p	v'	v''	h'	h''	s'	s''
℃	MPa	m³/kg	m³/kg	kJ/kg	kJ/kg	kJ/(kg·K)	kJ/(kg·K)
42	1.64352	0.0017355	0.07863	400.5	1490.4	1.6756	5.1337
44	1.73533	0.0017454	0.07445	410.5	1490.7	1.7065	5.1126
46	1.83095	0.0017556	0.07052	420.5	1490.9	1.7374	5.0915
48	1.93049	0.0017660	0.06682	430.5	1491.1	1.7683	5.0706
50	2.03403	0.0017766	0.06335	440.6	1491.1	1.7990	5.0497
52	2.14170	0.0017875	0.06008	450.8	1491.0	1.8297	5.0289
54	2.25358	0.0017987	0.05701	461.0	1490.7	1.8604	5.0081
56	2.36979	0.0018102	0.05411	471.2	1490.4	1.8911	4.9873
58	2.49043	0.0018219	0.05138	481.6	1489.9	1.9217	4.9666
60	2.61560	0.0018340	0.04880	492.0	1489.3	1.9523	4.9458
62	2.74543	0.0018465	0.04636	502.4	1488.5	1.9829	4.9251
64	2.88002	0.0018593	0.04406	513.0	1487.6	2.0135	4.9043
66	3.01948	0.0018724	0.04188	523.6	1486.5	2.0441	4.8834
68	3.16392	0.0018860	0.03982	534.3	1485.3	2.0747	4.8625
70	3.31347	0.0019000	0.03787	545.0	1483.9	2.1054	4.8415
72	3.46824	0.0019145	0.03602	555.9	1482.4	2.1361	4.8204
74	3.62835	0.0019294	0.03426	566.9	1480.7	2.1669	4.7992
76	3.79392	0.0019449	0.03260	577.9	1478.7	2.1977	4.7778
78	3.96508	0.0019609	0.03101	589.1	1476.6	2.2286	4.7562
80	4.14196	0.0019776	0.02951	600.3	1474.3	2.2596	4.7344
82	4.32468	0.0019948	0.02808	611.7	1471.8	2.2908	4.7124
84	4.51338	0.0020128	0.02672	623.2	1469.0	2.3220	4.6901
86	4.70819	0.0020315	0.02542	634.9	1466.0	2.3534	4.6675
88	4.90926	0.0020510	0.02418	646.7	1462.7	2.3850	4.6446
90	5.11672	0.0020714	0.02300	658.6	1459.2	2.4168	4.6213
92	5.33072	0.0020928	0.02187	670.7	1455.4	2.4488	4.5976
94	5.55142	0.0021152	0.02079	683.0	1451.2	2.4810	4.5734
96	5.77897	0.0021388	0.01976	695.4	1446.7	2.5136	4.5487
98	6.01354	0.0021637	0.01877	708.1	1441.9	2.5464	4.5234
100	6.25529	0.0021899	0.01782	721.0	1436.6	2.5797	4.4975
102	6.50440	0.0022178	0.01691	734.1	1431.0	2.6133	4.4708
104	6.76106	0.0022474	0.01603	747.5	1424.8	2.6474	4.4432
106	7.02545	0.0022791	0.01519	761.2	1418.2	2.6821	4.4147
108	7.29780	0.0023130	0.01438	775.3	1410.9	2.7173	4.3851
110	7.57832	0.0023496	0.01360	789.7	1403.1	2.7533	4.3543
112	7.86725	0.0023893	0.01284	804.5	1394.5	2.7902	4.3220
114	8.16483	0.0024326	0.01210	819.9	1385.1	2.8280	4.2879
116	8.47136	0.0024805	0.01138	835.8	1374.7	2.8671	4.2519
118	8.78714	0.0025338	0.01068	852.4	1363.1	2.9077	4.2134
120	9.11249	0.0025941	0.00999	869.9	1350.2	2.9502	4.1719
122	9.44775	0.0026638	0.00931	888.6	1335.6	2.9953	4.1266
124	9.79337	0.0027466	0.00863	908.8	1318.7	3.0440	4.0761
126	10.14984	0.0028494	0.00793	931.3	1298.6	3.0980	4.0183
128	10.5177	0.0029869	0.00720	957.6	1273.6	3.1611	3.9489
130	10.8977	0.0032021	0.00638	992.0	1239.3	3.2437	3.8571
132	11.2898	0.0038066	0.00516	1063.0	1171.6	3.4160	3.6840
132.36	11.3611	0.0044543	0.0044543	1120.5	1120.5	3.5571	3.5571

付表9　R744（二酸化炭素）の飽和表

温度	飽和圧力	比体積		比エンタルピー		比エントロピー	
t	p	v'	v''	h'	h''	s'	s''
℃	MPa	m³/kg	m³/kg	kJ/kg	kJ/kg	kJ/(kg·K)	kJ/(kg·K)
-56.558	0.51796	0.0008486	0.07267	80.04	430.42	0.5213	2.1390
-56	0.5306	0.0008500	0.07101	81.13	430.63	0.5263	2.1358
-55	0.5540	0.0008526	0.06815	83.09	430.99	0.5352	2.1300
-54	0.5780	0.0008553	0.06543	85.06	431.35	0.5441	2.1243
-53	0.6029	0.0008579	0.06284	87.03	431.69	0.5530	2.1186
-52	0.6286	0.0008606	0.06038	89.00	432.03	0.5618	2.1130
-51	0.6550	0.0008634	0.05803	90.97	432.36	0.5706	2.1074
-50	0.6823	0.0008661	0.05579	92.95	432.68	0.5794	2.1018
-49	0.7105	0.0008689	0.05365	94.92	432.99	0.5881	2.0963
-48	0.7395	0.0008718	0.05162	96.91	433.29	0.5968	2.0909
-47	0.7694	0.0008746	0.04967	98.89	433.58	0.6055	2.0855
-46	0.8002	0.0008775	0.04782	100.88	433.86	0.6142	2.0801
-45	0.8318	0.0008805	0.04605	102.88	434.13	0.6228	2.0747
-44	0.8644	0.0008834	0.04435	104.87	434.39	0.6314	2.0694
-43	0.8980	0.0008864	0.04273	106.88	434.64	0.6400	2.0642
-42	0.9325	0.0008895	0.04118	108.88	434.88	0.6486	2.0589
-41	0.9680	0.0008926	0.03970	110.89	435.11	0.6571	2.0537
-40	1.0045	0.0008957	0.03828	112.91	435.32	0.6656	2.0485
-39	1.0420	0.0008989	0.03693	114.92	435.53	0.6741	2.0434
-38	1.0805	0.0009021	0.03562	116.95	435.72	0.6826	2.0382
-37	1.1201	0.0009054	0.03438	118.98	435.91	0.6911	2.0331
-36	1.1607	0.0009087	0.03318	121.01	436.07	0.6995	2.0281
-35	1.2024	0.0009120	0.03203	123.05	436.23	0.7079	2.0230
-34	1.2452	0.0009154	0.03093	125.10	436.38	0.7164	2.0180
-33	1.2892	0.0009189	0.02988	127.15	436.51	0.7247	2.0129
-32	1.3342	0.0009224	0.02886	129.21	436.63	0.7331	2.0079
-31	1.3804	0.0009260	0.02789	131.27	436.73	0.7415	2.0029
-30	1.4278	0.0009296	0.02696	133.34	436.82	0.7498	1.9980
-29	1.4763	0.0009333	0.02606	135.42	436.90	0.7582	1.9930
-28	1.5261	0.0009370	0.02519	137.50	436.96	0.7665	1.9880
-27	1.5770	0.0009408	0.02436	139.59	437.01	0.7748	1.9831
-26	1.6293	0.0009447	0.02356	141.69	437.04	0.7831	1.9782
-25	1.6827	0.0009486	0.02279	143.79	437.06	0.7914	1.9732
-24	1.7375	0.0009526	0.02205	145.91	437.06	0.7997	1.9683
-23	1.7935	0.0009567	0.02133	148.03	437.04	0.8080	1.9634
-22	1.8509	0.0009608	0.02065	150.16	437.01	0.8163	1.9584
-21	1.9096	0.0009650	0.01998	152.30	436.96	0.8246	1.9535
-20	1.9696	0.0009693	0.01934	154.45	436.89	0.8328	1.9486
-19	2.0310	0.0009737	0.01873	156.61	436.81	0.8411	1.9436
-18	2.0938	0.0009781	0.01813	158.78	436.70	0.8494	1.9387
-17	2.1580	0.0009827	0.01756	160.95	436.58	0.8577	1.9337
-16	2.2237	0.0009873	0.01700	163.14	436.44	0.8659	1.9287
-15	2.2908	0.0009921	0.01647	165.34	436.28	0.8742	1.9237
-14	2.3593	0.0009969	0.01595	167.55	436.09	0.8825	1.9187
-13	2.4294	0.0010019	0.01545	169.78	435.89	0.8908	1.9137
-12	2.5010	0.0010069	0.01497	172.01	435.66	0.8991	1.9086
-11	2.5741	0.0010121	0.01450	174.26	435.41	0.9074	1.9036
-10	2.6487	0.0010174	0.01405	176.52	435.14	0.9157	1.8985
-9	2.7249	0.0010228	0.01361	178.80	434.84	0.9241	1.8934
-8	2.8027	0.0010283	0.01319	181.09	434.51	0.9324	1.8882
-7	2.8821	0.0010340	0.01278	183.39	434.17	0.9408	1.8830
-6	2.9632	0.0010398	0.01238	185.71	433.79	0.9492	1.8778
-5	3.0459	0.0010458	0.01200	188.05	433.38	0.9576	1.8725
-4	3.1303	0.0010519	0.01162	190.40	432.95	0.9660	1.8672
-3	3.2164	0.0010582	0.01126	192.77	432.49	0.9744	1.8618
-2	3.3042	0.0010647	0.01091	195.16	431.99	0.9829	1.8564
-1	3.3938	0.0010714	0.01057	197.57	431.46	0.9914	1.8509
0	3.4851	0.0010780	0.01024	200.00	430.89	1.0000	1.8453

付表9 R 744 (二酸化炭素) の飽和表 (つづき)

温度	飽和圧力	比体積		比エンタルピー		比エントロピー	
t	p	v'	v''	h'	h''	s'	s''
℃	MPa	m³/kg	m³/kg	kJ/kg	kJ/kg	kJ/(kg·K)	kJ/(kg·K)
1	3.5783	0.0010851	0.00992	202.45	430.29	1.0086	1.8397
2	3.6733	0.0010926	0.00961	204.93	429.65	1.0172	1.8340
3	3.7701	0.0011003	0.00931	207.43	428.97	1.0259	1.8282
4	3.8688	0.0011082	0.00901	209.95	428.25	1.0346	1.8223
5	3.9694	0.0011162	0.00872	212.50	427.48	1.0434	1.8163
6	4.0720	0.0011245	0.00845	215.08	426.67	1.0523	1.8102
7	4.1765	0.0011331	0.00817	217.69	425.81	1.0612	1.8041
8	4.2830	0.0011420	0.00791	220.33	424.89	1.0702	1.7977
9	4.3916	0.0011513	0.00765	223.01	423.92	1.0792	1.7913
10	4.5022	0.0011611	0.00740	225.73	422.88	1.0884	1.7847
11	4.6148	0.0011713	0.00715	228.48	421.79	1.0976	1.7779
12	4.7296	0.0011821	0.00691	231.28	420.62	1.1070	1.7710
13	4.8466	0.0011934	0.00668	234.13	419.37	1.1165	1.7638
14	4.9657	0.0012054	0.00645	237.03	418.05	1.1261	1.7565
15	5.0871	0.0012179	0.00622	239.99	416.63	1.1359	1.7489
16	5.2108	0.0012311	0.00600	243.01	415.12	1.1458	1.7411
17	5.3368	0.0012451	0.00578	246.10	413.50	1.1559	1.7329
18	5.4651	0.0012600	0.00557	249.26	411.76	1.1663	1.7244
19	5.5959	0.0012758	0.00536	252.51	409.89	1.1769	1.7155
20	5.7291	0.0012928	0.00515	255.87	407.86	1.1877	1.7062
21	5.8648	0.0013113	0.00494	259.33	405.66	1.1989	1.6964
22	6.0031	0.0013316	0.00474	262.93	403.26	1.2105	1.6860
23	6.1440	0.0013542	0.00453	266.68	400.63	1.2225	1.6749
24	6.2877	0.0013794	0.00433	270.61	397.71	1.2352	1.6629
25	6.4343	0.0014079	0.00412	274.78	394.42	1.2485	1.6498
26	6.5837	0.0014405	0.00391	279.25	390.70	1.2627	1.6353
27	6.7362	0.0014771	0.00369	284.14	386.38	1.2783	1.6189
28	6.8918	0.0015265	0.00346	289.62	381.19	1.2957	1.5998
29	7.0509	0.0015884	0.00320	296.07	374.61	1.3163	1.5762
30	7.2137	0.0016868	0.00290	304.56	365.14	1.3435	1.5433
30.9782	7.3773	0.0021386	0.0021386	332.25	332.25	1.4336	1.4336

索　引

20 トン······················150
CFC 冷媒··················42
HCFC 冷媒 ················42
HFC 冷媒 ··················42
HFO 冷媒 ··················42
MOP 付き温度自動膨張弁··········105
p-h 線図········ 4,11,15,45, 付図 1〜9
SM 400 B 材 ··············138

あ

アキュムレータ··············96
圧縮応力··················135
圧縮機··············2,15,25,151
圧縮機吸込み圧力··········114
圧縮機の効率················7
圧縮機の再始動時············133
圧縮機の吐出しガス温度········172
圧縮機の冷凍能力············30
圧縮機吐出しガス············150
圧縮機吐出しガスの上限温度········172
圧縮仕事量················13
圧縮動力··············13,31
圧力······················4
圧力計の最高目盛············162
圧力計の文字板············162
圧力降下··········16,81,112,123
圧力スイッチ··············100
圧力センサ··············118
圧力調整弁··············113
圧力逃がし装置············150
圧力配管用炭素鋼鋼管········138
圧力比··················29
圧力容器··················135
圧力容器の胴板············143
油上がり··············40,41

油抜き····················88
油分離器··············40,94
油戻し····················132
油戻し装置··············87
アプローチ················73
安全装置··················150
安全装置の作動圧力··········143
安全弁の口径··············150
安全弁の作動圧力··········152
アンモニア冷媒········ 8,53,172
アンローダ············37,38,177
アンロード運転············132

い

異常高圧····················8
1 日の冷凍能力············150,156
一般構造用圧延鋼材··········138
異物··················98,180
インナフィンチューブ··········83

う

運転管理··················172
運転記録··················172
運転状態··················168
運転日誌··················172
運転要領··················167

え

液圧縮··············133,184
液化······················2
液ガス熱交換器············96
液集中器··················89
液チャージ方式············101
液配管··················123
液封··············156,185
液分離器··················96
液ポンプ方式··············88

液面位置⋯⋯⋯⋯⋯⋯⋯⋯⋯⋯⋯⋯89
液面制御⋯⋯⋯⋯⋯⋯⋯⋯⋯⋯⋯⋯89
液戻り⋯⋯⋯⋯⋯⋯⋯⋯41,107,184
液流下管⋯⋯⋯⋯⋯⋯⋯⋯⋯⋯⋯131
エチレングリコールブライン⋯⋯⋯55
塩化カルシウムブライン⋯⋯⋯⋯⋯54
塩化ナトリウムブライン⋯⋯⋯⋯⋯54
遠心式⋯⋯⋯⋯⋯⋯⋯⋯⋯⋯⋯⋯⋯25
円筒胴⋯⋯⋯⋯⋯⋯⋯⋯⋯⋯⋯⋯⋯66

お

オイルフォーミング⋯⋯⋯⋯⋯41,184
往復圧縮機⋯⋯⋯⋯⋯⋯⋯⋯⋯28,37
応力⋯⋯⋯⋯⋯⋯⋯⋯⋯⋯⋯⋯⋯135
応力-ひずみ線図⋯⋯⋯⋯⋯⋯⋯⋯136
オフサイクルデフロスト方式⋯⋯⋯91
温度⋯⋯⋯⋯⋯⋯⋯⋯⋯⋯⋯⋯⋯⋯4
温度勾配⋯⋯⋯⋯⋯⋯⋯⋯⋯⋯⋯42
温度差⋯⋯⋯⋯⋯⋯⋯⋯⋯⋯⋯⋯59
温度自動膨張弁⋯⋯⋯⋯⋯⋯17,100
温度上昇⋯⋯⋯⋯⋯⋯⋯⋯⋯⋯⋯39
温度分布⋯⋯⋯⋯⋯⋯⋯⋯⋯⋯⋯57

か

外表面積基準の熱通過率⋯⋯⋯⋯⋯70
外部均圧形温度自動膨張弁⋯⋯81,101
外部均圧管⋯⋯⋯⋯⋯⋯⋯⋯⋯⋯101
開放圧縮機⋯⋯⋯⋯⋯⋯⋯⋯⋯⋯25
化学的安定性⋯⋯⋯⋯⋯⋯⋯⋯⋯51
化学変化⋯⋯⋯⋯⋯⋯⋯⋯⋯⋯⋯97
鏡板⋯⋯⋯⋯⋯⋯⋯⋯⋯⋯⋯⋯148
確認⋯⋯⋯⋯⋯⋯⋯⋯⋯⋯⋯⋯167
ガス速度⋯⋯⋯⋯⋯⋯⋯⋯⋯⋯⋯128
ガスチャージ方式⋯⋯⋯⋯⋯⋯⋯101
ガス中毒⋯⋯⋯⋯⋯⋯⋯⋯⋯⋯⋯8
ガスパージャ⋯⋯⋯⋯⋯⋯⋯⋯⋯181
ガス漏れ⋯⋯⋯⋯⋯⋯⋯⋯⋯⋯⋯157

可とう管⋯⋯⋯⋯⋯⋯⋯⋯⋯⋯⋯160
加熱⋯⋯⋯⋯⋯⋯⋯⋯⋯⋯⋯⋯⋯4
過熱蒸気⋯⋯⋯⋯⋯⋯⋯⋯⋯⋯⋯12
過熱度⋯⋯⋯⋯12,101,108,111,112
可燃性⋯⋯⋯⋯⋯⋯⋯⋯⋯⋯⋯155
過冷却液⋯⋯⋯⋯⋯⋯⋯⋯⋯⋯⋯12
過冷却度⋯⋯⋯⋯⋯⋯⋯⋯⋯⋯⋯12
乾き度⋯⋯⋯⋯⋯⋯⋯⋯⋯⋯⋯⋯13
（乾き）飽和蒸気線⋯⋯⋯⋯⋯12,13
感温筒温度⋯⋯⋯⋯⋯⋯⋯⋯⋯106
感温筒のチャージ方式⋯⋯⋯⋯⋯101
乾式⋯⋯⋯⋯⋯⋯⋯⋯⋯⋯⋯⋯⋯78
乾式蒸発器⋯⋯⋯⋯⋯⋯78,79,100
乾燥剤⋯⋯⋯⋯⋯⋯⋯⋯⋯⋯⋯97
管棚式蒸発器⋯⋯⋯⋯⋯⋯⋯⋯⋯81
管内蒸気速度⋯⋯⋯⋯⋯⋯⋯⋯133
管板⋯⋯⋯⋯⋯⋯⋯⋯⋯⋯⋯⋯⋯66

き

気化⋯⋯⋯⋯⋯⋯⋯⋯⋯⋯⋯⋯130
機械効率⋯⋯⋯⋯⋯⋯⋯⋯⋯⋯⋯32
機械的摩擦損失動力⋯⋯⋯⋯⋯⋯31
危害予防規程⋯⋯⋯⋯⋯⋯⋯⋯154
疑似共沸混合冷媒⋯⋯⋯⋯⋯⋯⋯43
基準凝縮温度⋯⋯⋯⋯⋯⋯⋯⋯140
逆止め弁⋯⋯⋯⋯⋯⋯⋯⋯⋯⋯128
逆流⋯⋯⋯⋯⋯⋯⋯⋯⋯⋯⋯⋯129
キャピラリチューブ（毛細管）
⋯⋯⋯⋯⋯⋯⋯⋯⋯⋯2,100,112
吸着⋯⋯⋯⋯⋯⋯⋯⋯⋯⋯⋯⋯97
吸入圧力調整弁⋯⋯⋯⋯⋯113,114
給油圧力⋯⋯⋯⋯⋯⋯⋯⋯40,117
凝縮圧力⋯⋯⋯⋯⋯⋯⋯⋯114,119
凝縮圧力調整弁⋯⋯⋯⋯⋯113,114
凝縮・液化⋯⋯⋯⋯⋯⋯⋯⋯⋯3
凝縮温度⋯⋯⋯⋯⋯⋯⋯3,68,173
凝縮器⋯⋯⋯⋯⋯⋯⋯2,16,65,119

凝縮熱‥‥‥‥‥‥‥‥‥‥‥‥‥‥‥4
凝縮負荷‥‥‥‥‥‥‥‥‥‥‥3, 20, 65
共晶点‥‥‥‥‥‥‥‥‥‥‥‥‥‥‥55
強制給油式‥‥‥‥‥‥‥‥‥‥‥‥40
強制対流熱伝達‥‥‥‥‥‥‥‥‥58
共沸混合冷媒‥‥‥‥‥‥‥‥‥‥42
許容圧力‥‥‥‥‥‥‥‥‥‥145, 160
許容引張応力‥‥‥‥‥‥‥136, 145
均圧管‥‥‥‥‥‥‥‥‥‥‥‥‥131
金属材料‥‥‥‥‥‥‥‥‥‥137, 138
金属を腐食‥‥‥‥‥‥‥‥‥‥‥52

く

空気‥‥‥‥‥‥‥‥‥‥‥‥‥‥‥72
空気の顕熱‥‥‥‥‥‥‥‥‥‥‥74
空気冷却用蒸発器‥‥‥‥‥‥‥79
空冷凝縮器‥‥‥‥‥‥‥‥‥‥‥74
腐れしろ‥‥‥‥‥‥‥‥‥‥‥143
駆動軸動力‥‥‥‥‥‥‥‥‥‥‥7
クリアランスボリューム‥‥‥‥29
クーリングレンジ‥‥‥‥‥‥‥73
クロスチャージ方式‥‥‥‥‥101

け

ゲージ圧力‥‥‥‥‥‥‥‥‥5, 139
結露‥‥‥‥‥‥‥‥‥‥‥‥‥132
検査記録‥‥‥‥‥‥‥‥‥‥‥154
顕熱‥‥‥‥‥‥‥‥‥‥‥‥‥‥1

こ

高圧ガス保安法‥‥‥‥‥‥‥150
同（高圧ガス保安法）施行令‥‥‥150
高圧側の液面位置‥‥‥‥‥‥112
高圧遮断装置‥‥‥‥‥‥116, 156
高圧受液器‥‥‥‥‥‥‥‥‥‥93
高圧部‥‥‥‥‥‥‥‥‥‥‥‥139
合成油‥‥‥‥‥‥‥‥‥‥‥‥52

高段圧縮機‥‥‥‥‥‥‥‥‥‥24
降伏点‥‥‥‥‥‥‥‥‥‥‥‥136
鉱油‥‥‥‥‥‥‥‥‥‥‥‥‥52
ごみ‥‥‥‥‥‥‥‥‥‥‥‥‥98
混合冷媒‥‥‥‥‥‥‥‥‥‥‥42

さ

最高作動圧力‥‥‥‥‥‥‥‥105
最小厚さ‥‥‥‥‥‥‥‥‥‥145
最小引張強さ‥‥‥‥‥‥‥‥138
最小負荷‥‥‥‥‥‥‥‥‥‥133
最小負荷時‥‥‥‥‥‥‥‥‥132
最大負荷‥‥‥‥‥‥‥‥‥‥133
最低使用温度‥‥‥‥‥‥‥‥139
サイトグラス‥‥‥‥‥‥‥‥99
サイフォン管‥‥‥‥‥‥‥‥165
下がり勾配‥‥‥‥‥‥‥‥‥129
サクションストレーナ‥‥‥‥98
作動圧力‥‥‥‥‥‥‥‥‥‥152
作動の検査‥‥‥‥‥‥‥‥‥154
サービスバルブ‥‥‥‥‥‥‥128
さら形‥‥‥‥‥‥‥‥‥‥‥148
酸欠‥‥‥‥‥‥‥‥‥‥‥‥‥8
酸欠事故‥‥‥‥‥‥‥‥‥‥157
算術平均温度差‥‥‥‥‥‥62, 68
酸素欠乏‥‥‥‥‥‥‥‥‥‥‥8
酸素濃度‥‥‥‥‥‥‥‥‥‥157
酸素濃度検知警報設備‥‥‥‥157

し

シェルアンドチューブ乾式蒸発器‥‥83
シェルアンドチューブ凝縮器‥‥66, 69
シェルアンドチューブ蒸発器‥‥‥83
軸動力‥‥‥‥‥‥‥‥‥‥‥‥31
自主基準‥‥‥‥‥‥‥150, 155, 157
施設基準‥‥‥‥‥‥‥‥‥‥150
自然対流熱伝達‥‥‥‥‥‥‥58

自然冷媒	43	真空ポンプ	164
湿球温度	73	侵入防止	174
実際の冷凍サイクル	17		

す

質量	1	吸込み蒸気配管	123
始動	41	吸込み蒸気量	29
自動運転	119	水質	73
始動時	37	水素イオン濃度	73
自動復帰式	117	水分	174
自動膨張弁	100	水分の侵入経路	174
絞り膨張	2,16,112	水溶液	54
湿り蒸気	12	水冷凝縮器	66
霜着き	89	水冷凝縮器の熱計算	68
充填材	73	すきま容積	29
受液器	2,16	すきま容積比	29
受液器兼用凝縮器	67		

せ

手動復帰式	116,156	制水弁	120
潤滑装置	181	成績係数	18,20,33
循環	17	設計圧力	139,151
蒸気圧縮冷凍装置	2	節水弁	120
蒸気速度	96,132	接線方向	144
衝撃荷重	139	接線方向の応力	144
常時開	154	絶対圧力	5,11
焼損	39,183	絶対温度	5
状態変化	4,17	絶対真空	5
蒸発	3	全断熱効率	32
蒸発圧力	111	潜熱	2,16
蒸発圧力調整弁	92,113	全密閉圧縮機	27
蒸発温度	3	前面風速	76
蒸発器	2,16,78		

そ

蒸発器出口冷媒の過熱度	102,111	送風の向き	81
蒸発式凝縮器	76		
蒸発潜熱	1		

た

除害設備	154		
除霜	89		
除霜方法	90		
シリンダ内圧力	184	耐圧強度	135,139,161
真空計	164	耐圧試験圧力	161

ダイアフラム……………101,102,126
大気圧……………………………5
対数平均温度差……………62
体積効率……………………29
体積能力……………………48
対流熱伝達…………………57,58
多気筒………………………37
立ち上がり管………………132
段数…………………………74
弾性限度……………………136
単段圧縮冷凍装置…………23
断熱圧縮……………………12
断熱効率……………………31,32
暖房…………………………20

ち

着霜…………………89,132,171
中間のトラップ……………133
調節…………………………168
超臨界サイクル……………47
直動式………………………119

つ

継目無銅管…………………138

て

定圧自動膨張弁……………100
低圧受液器…………………88,94
低圧部………………………139
低温脆性……………………138
定格容量……………………108
ディストリビュータ………80
低段圧縮機…………………24
ディファレンシャル………116
適正な冷媒流量……………88
デフロスト…………………90
点検…………………………167

電動機巻線…………………39
電子膨張弁…………………100
伝熱…………………40,57,68
伝熱作用……………………58
伝熱面積……………59,63,68
伝熱量………………………57,59

と

等圧線………………………12
等温線………………………12
等乾き度線…………………13
凍結温度……………………55
凍結防止……………………89
等比エントロピー線………12
等比体積線…………………12
動力…………………………6
毒性…………………………50
毒性ガス……………………155
特定不活性ガス……………157
止め弁………………………126
トラップ……………………124

な

内部均圧形温度自動膨張弁……80,101
内容積500リットル…………151,154
長手方向……………………144
長手方向の応力……………144

に

二重管凝縮器………………66,67
二重立ち上がり管…………132
二段圧縮冷凍装置…………23
日本産業規格（JIS）………137

ね

ねずみ鋳鉄…………………138
熱計算………………………6

熱交換器···············7,40

熱通過抵抗············61

熱通過率···········60,68,76

熱伝達···············57

熱伝達抵抗············60

熱伝達率·············59

熱伝導···············57

熱伝導抵抗············58

熱伝導率·············57

熱の移動·············57

熱媒体··············2

熱放射（熱ふく射）·······57

熱力学性質··········11,45

熱力学性質表···········4

熱量···············1

燃焼性··············50

は

配管用炭素鋼鋼管········138

パイロット式···········119

吐出しガス配管······123,128

パス数·············67

破断··············136

パックレス形バルブ·······126

バッフルプレート········83

破裂圧力············155

半球形·············148

半だ円形············148

ハンチング········108,117

半密閉圧縮機··········27

ひ

比エンタルピー········6,45

比エントロピー·········45

非共沸混合冷媒·········42

比重··············53

ピストン押しのけ量·······28

ひずみ·············135

比体積········4,5,12,45

引張応力············135

引張強さ············136

必要な板厚···········145

ヒートポンプ装置······4,20

比熱···············1

標準沸点············46

表面から加熱··········151

比例限度············136

ふ

フィルタドライヤ········97

フィン·············80

フィンコイル蒸発器·····79,80

フィンピッチ·······74,80

負荷軽減装置··········38

不凝縮ガス········72,181

ブライン············54

フラッシュ···········130

フルオロカーボン········42

フルオロカーボン冷媒····8,42,154,172

ブルドン管圧力計········4

ブルドン管真空計········5

フレア管継手··········128

フレキシブルチューブ·····160

ブレージングプレート凝縮器······66,67

プレートフィンコイル空冷凝縮器····74

フロスト············89

プロピレングリコールブライン······55

へ

平均温度差·········61,84

並列運転············130

ヘリングボーン形········78

弁の破壊············185

弁容量·············108

ほ

保安……………………………8
保安基準…………………………150
放出管……………………………154
膨潤………………………………138
防振支持…………………………160
膨張弁……………………2,16,81
飽和圧力……………11,45,105,151
飽和液……………………………11
飽和液線…………………………11
飽和温度…………………………11
飽和表………………45,186～202
補給水………………………73,76
保護柵……………………………159
保守………………………………39
保守管理…………………………154
ボールバルブ……………………128
ポンプダウン……………………169

ま

満液式……………………………78
満液式蒸発器………………86,113

み

水あか……………………………70
水の蒸発潜熱………………76,77
水の比熱…………………………68
密閉圧縮機………………………27
密閉フルオロカーボン往復圧縮機…183

む

無機ブライン……………………54

も

モイスチャーインジケータ…………99
毛細管(キャピラリチューブ)………2

ゆ

油圧調整弁………………………40
有機ブライン……………………54
有効内外伝熱面積比………………69
遊離水分…………………………52
ユニットクーラ………………79,80

よ

容積式……………………………25
溶接構造用圧延鋼材………………138
溶接継手…………………………145
溶接継手の効率…………………146
溶接継手の種類…………………146
溶栓の口径………………………155
容量制御装置……………………37
汚れ係数…………………………70

り

リキッドフィルタ…………………98
流動点……………………………164
理論成績係数……………………48
理論断熱圧縮……………………12
理論断熱圧縮動力……………18,32,65
理論ヒートポンプサイクル………20,33
理論ヒートポンプサイクルの成績係数
………………………………20,33
理論冷凍サイクル………………17,33
理論冷凍サイクルの成績係数………18
臨界温度………………………12,45
臨界点…………………………12,47

れ

冷却………………………………2
冷却管……………………………66
冷却管の有効長さ………………80
冷却器……………………………78

冷却器の除霜………………………… 90
冷却水入口温度…………………… 68
冷却水出口温度…………………… 68
冷却水量……………………… 68,120
冷却塔……………………………… 73
冷凍機油………………………52,53,181
冷凍機油の種類の選定……………164
冷凍機油の粘度…………………… 41
冷凍機油の戻り……………………132
冷凍機油の劣化……………………172
冷凍空調装置の施設基準………150,157
冷凍効果…………………………… 17
冷凍サイクル……………………… 11
冷凍装置……………………………3
冷凍トン……………………………6
冷凍能力…………………………6,38,65
冷凍負荷…………………………… 17
冷凍保安規則…………30,31,150,159
冷凍保安規則関係例示基準
　　　……………139,140,141,150,159
冷媒…………………………………2
冷媒液強制循環式………………… 88
冷媒液強制循環式冷却装置………… 88
冷媒液の封入量……………………107
冷媒液面の位置……………………113
冷媒過充填………………………… 72
冷媒ガスの限界濃度………………157
冷媒系統……………………………174
冷媒充填量…………………………183
冷媒循環量………………………… 17
冷媒の絞り膨張……………………112
冷媒の充填・回収作業……………183
冷媒の蒸発潜熱…………………… 16
冷媒の流れ方向…………………… 81
冷媒の分解…………………………172
冷媒の漏れ…………………………8
冷媒配管……………………………123

冷媒流量………………………… 17,100
冷媒流量の調節……………………100
列数………………………………… 80
連成計………………………………5

ろ

ろう付継手…………………………128
ローフィンチューブ……………… 69

平成 3 年 4 月 30 日	初 版 発 行
平成 9 年 4 月 30 日	第 1 次 改 訂
平成 11 年 12 月 15 日	第 2 次 改 訂
平成 12 年 7 月 1 日	第 3 次 改 訂
平成 13 年 11 月 30 日	第 4 次 改 訂
平成 15 年 11 月 20 日	第 5 次 改 訂
平成 17 年 11 月 30 日	第 6 次 改 訂
平成 25 年 12 月 9 日	第 7 次 改 訂
令和 元 年 11 月 30 日	第 8 次 改 訂
令和 6 年 12 月 23 日	第 8 次改訂第 11 刷

初級冷凍受験テキスト

定　価 2,900 円（本体価格 2,637 円）

公益社団法人
編集・発行　日 本 冷 凍 空 調 学 会

〒 103-0011　東京都中央区日本橋大伝馬町 13-7
日本橋大富ビル 5F
TEL　03（5623）3223
FAX　03（5623）3229

印 刷 所　日 本 印 刷 株 式 会 社

ⓒ 2019　ISBN 978-4-88967-142-1　C3053　￥ 2,637 E

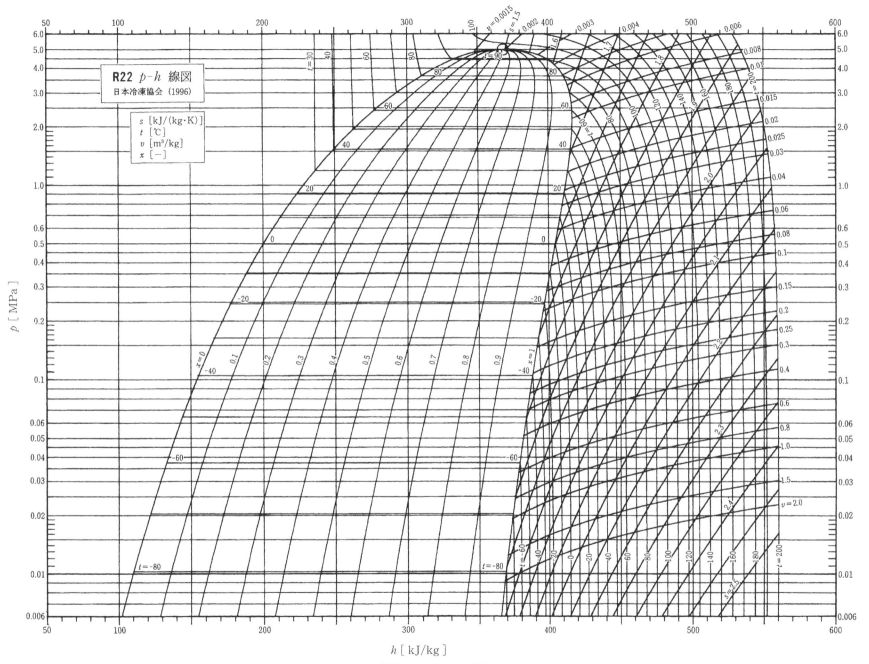

付図1 R 22 の $p\text{-}h$ 線図

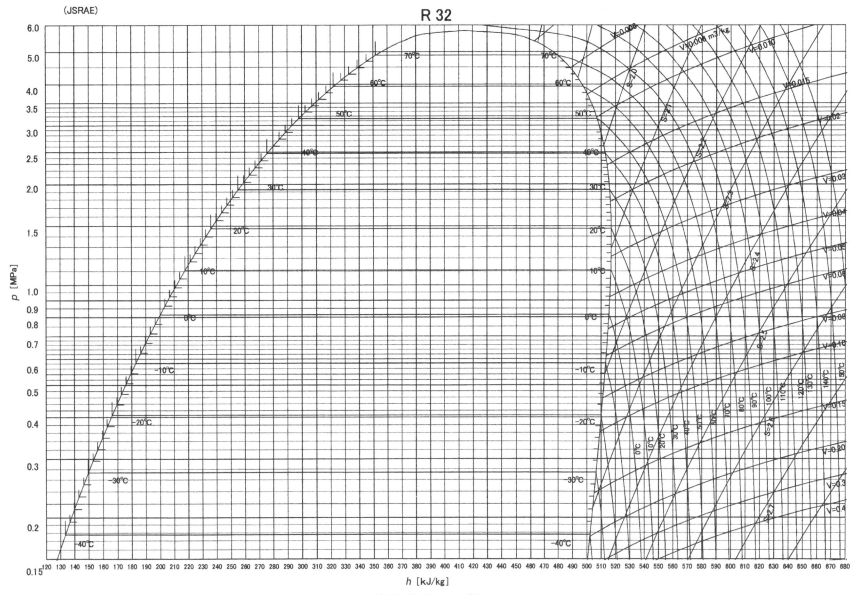

付図2 R 32 の p-h 線図

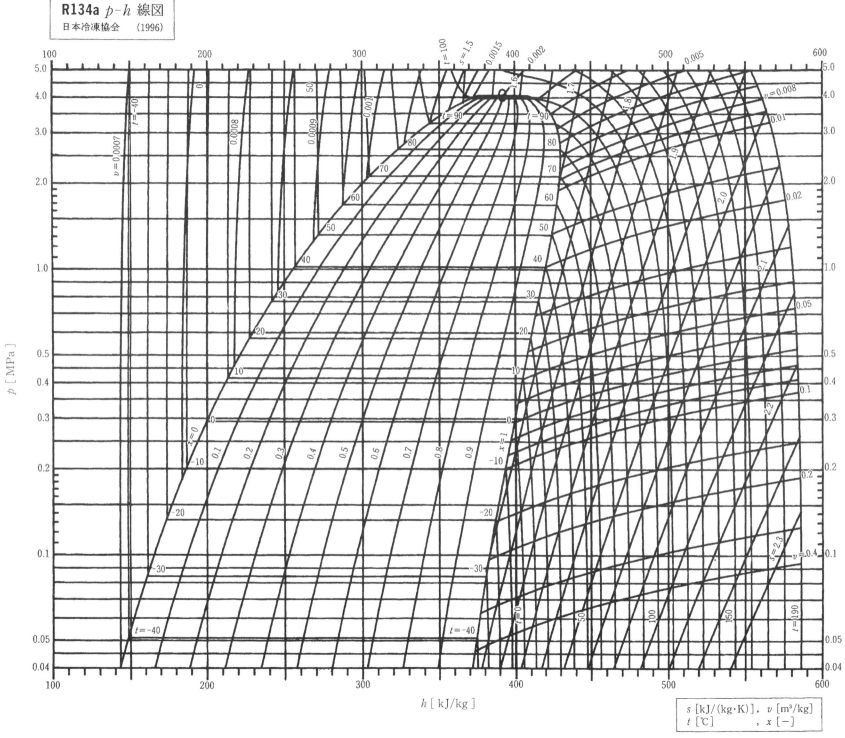

付図3 R134aの p-h 線図

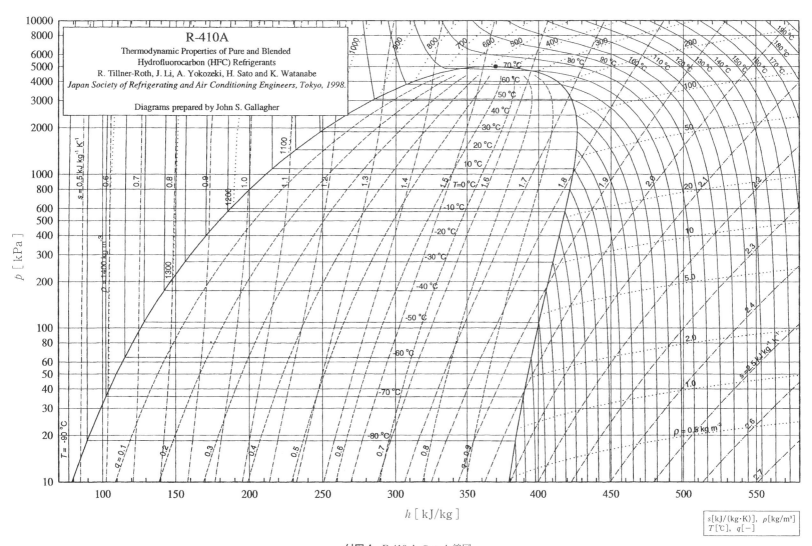

付図4　R 410 A の p-h 線図

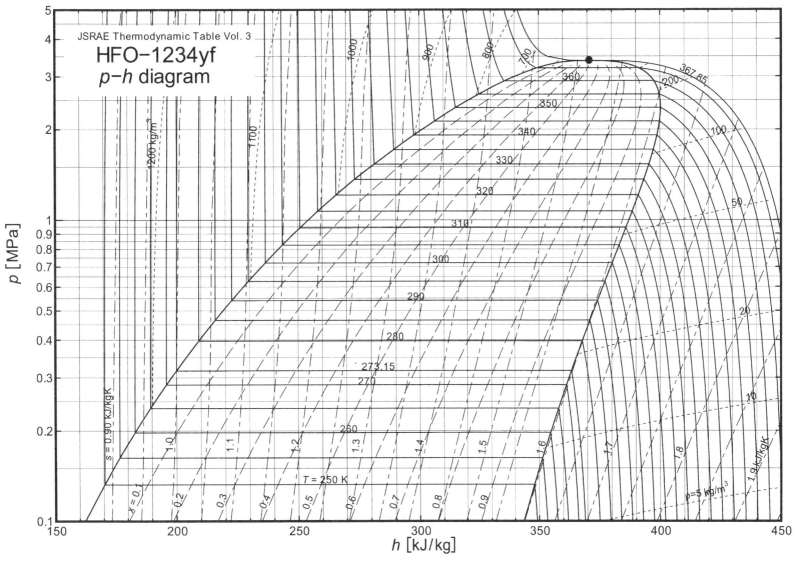

付図5 R 1234yf の p-h 線図

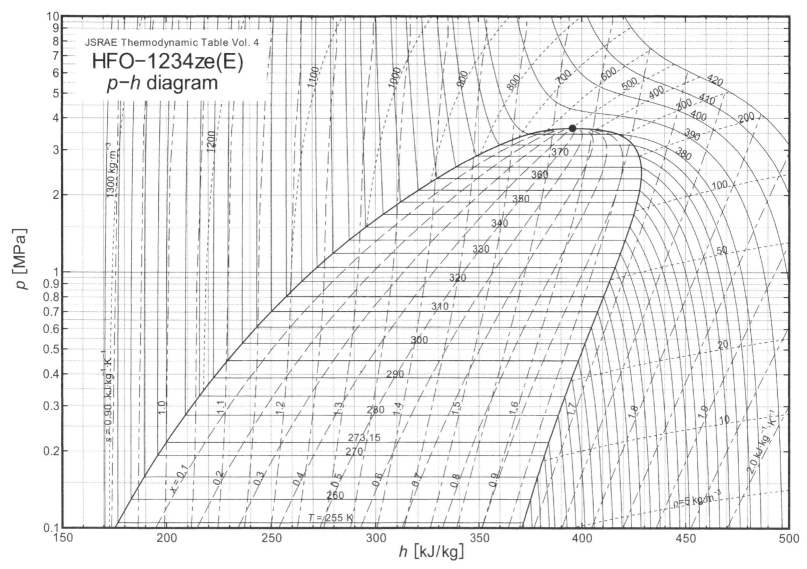

付図6 R 1234ze の *p–h* 線図

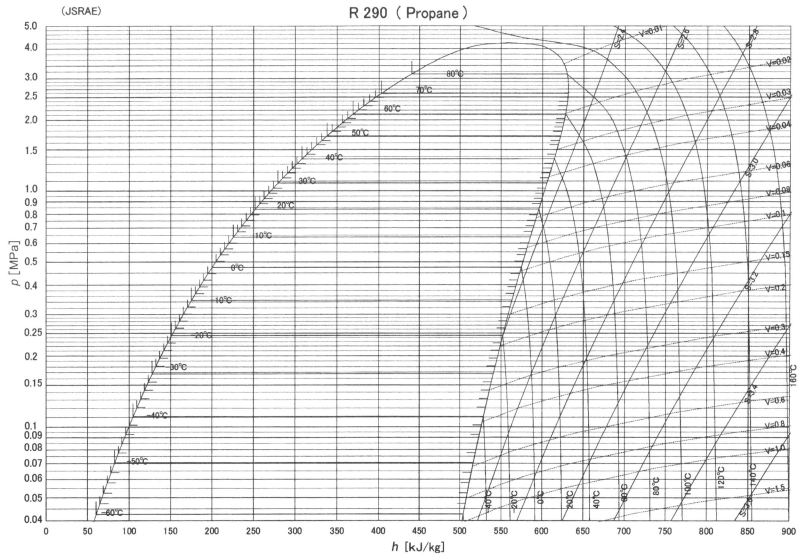

付図7 R 290（プロパン）の p-h 線図

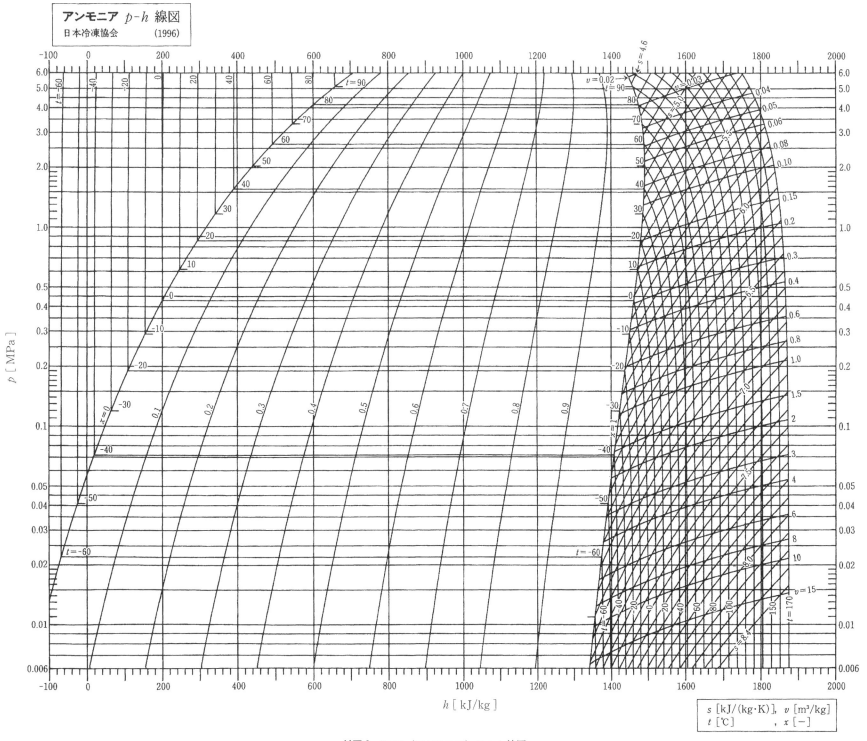

付図8 R 717（アンモニア）の p-h 線図

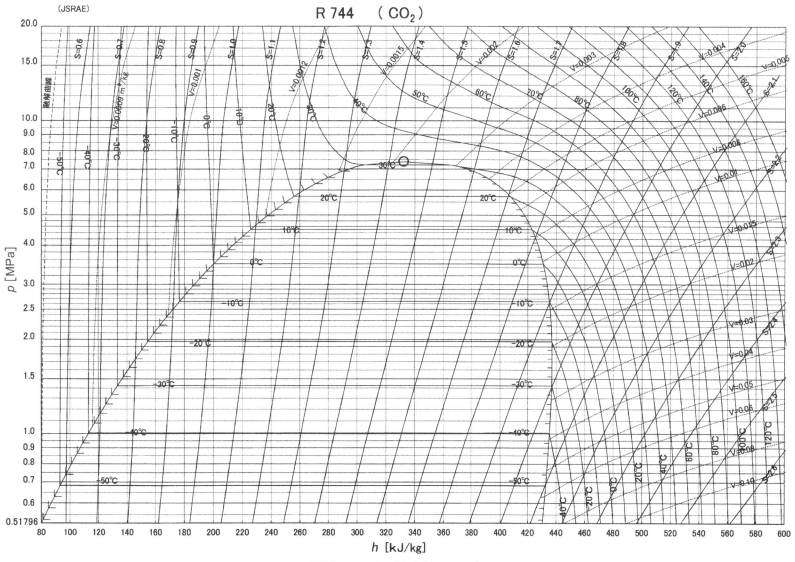

付図9 R744（二酸化炭素）の p-h 線図

2013 年 3 月発行　冷媒圧縮機に関する学術・技術の集大成

冷媒圧縮機

＜A4 判＞　　264P　　定価 4,191 円（本体価格 3,810 円）　　送料 580 円
日本冷凍空調学会　圧縮機技術委員会編

目 次

第 1 章 まえがき ／ 第 2 章 基礎理論 ／ 第 3 章 レシプロ圧縮機 ／ 第 4 章 ロータリ圧縮機 ／
第 5 章 スクロール圧縮機 ／ 第 6 章 ツインスクリュー圧縮機 ／ 第 7 章 シングルスクリュー
圧縮機 ／ 第 8 章 カーエアコン用圧縮機 ／ 第 9 章 冷凍機油 ／ 第 10 章 モータ・インバータ ／
第 11 章 試験 ／ 第 12 章 計測技術 ／ 第 13 章 あとがき

2018 年 11 月発行　　最新情報満載の一冊

冷凍サイクル制御

＜A4 判＞　　227P　　定価 6,111 円（本体 5,556 円）　　送料 580 円
日本冷凍空調学会　冷凍サイクル制御出版委員会 編

目 次

- ●初級・基礎編：第 1 章 蒸気圧縮式冷凍サイクルの原理、第 2 章 構成要素（初級・基礎編）
　　　　　　　　第 3 章 サイクルバランス
- ●中級・実践編：第 4 章 構成要素（中級・実践編）、第 5 章 冷媒回路
- ●応用・製品編：第 6 章 応用製品
- ●システム編　：第 7 章 空調システム、第 8 章 ビルエネルギーマネジメントシステム
　　　　　　　　第 9 章 空調システムの今後の動向

2017 年 6 月発行　　冷凍空調技士 受験用テキスト

上級標準テキスト 冷凍空調技術 ＜冷凍編＞

＜B5 判＞　約 242P　　定価 5,060 円（本体価格 4,600 円）　　送料 580 円
冷凍分野の基礎及び応用を解説し、中堅技術者の研修・講習用としても最適。
R22,R134a,R404A,R407C,R410A,アンモニアの各種線図・熱力学性質表付。SI 単位

目 次

冷凍のための熱力学／熱の移動／冷凍サイクル／冷媒・冷凍機油・ブライン／
圧縮機／熱交換器／附属機器・配管／制御機器／冷凍装置の保安／運転および保守／
冷凍機応用技術

2017 年 6 月発行　　冷凍空調技士 受験用テキスト

上級標準テキスト 冷凍空調技術 ＜空調編＞

＜B5 判＞　約 238P　　定価 4,730 円（本体価格 4,300 円）　　送料 580 円
空調分野についての高度な知識及び技術を解説。湿り空気線図・湿り空気表付。

目 次

空気調和の概要／湿り空気／空調負荷／空調方式／換気・排煙システム／搬送シス
テム／空調機器／施工・維持管理

2015 年 11 月発行　　1・2 種冷凍機械責任者 受験用テキスト

上級冷凍受験テキスト

＜B5 判＞　248P　定価 4,000 円（本体価格 3,637 円）　送料 580 円

目 次

学識編 冷凍装置の基礎／理論冷凍サイクル／圧縮機とその性能／実際の冷凍装置
／冷媒とブライン／熱交換／凝縮器／蒸発器／附属機器／自動制御機器
保安管理編 配管／圧力容器の強度／冷凍装置の合理的運転と保守管理／冷媒の性質による
配慮点／熱交換器の合理的使用　熱力学性質表・$p\text{-}h$ 線図

2021 年 12 月発行　第 59 次改訂版

高圧ガス保安法に基づく 冷凍関係法規集

＜A5 判＞　628P　定価 1,800 円（本体価格 1,637 円）　送料 580 円

内 容

高圧ガス保安法、同施行令、手数料令、冷凍保安規則・同関係例示基準〔SI〕、（以上全文）
一般高圧ガス保安規則、容器保安規則・試験規則、関係告示、耐震設計基準 等（以上抜粋）
（ なお法の条文中に関連する主な政・省令の条数を付記し理解の一助としました ）

2012 年 2 月 改訂新版発行　　2・3 冷入門書　　＜二色刷り＞

初級標準テキスト 冷凍空調技術

＜B5 判＞　370P　定価 4,504 円（本体価格 4,095 円）　送料 580 円

目 次

冷凍とヒートポンプ／蒸気圧縮冷凍サイクルと $p\text{-}h$ 線図／吸収冷凍サイクル／圧縮機／凝縮
器・蒸発器・冷却塔／冷媒・冷凍機油／冷媒配管・附属機器／電動機／制御機器／冷凍装置
の保安／冷凍機の運転・保守／空気調和の概要／湿り空気線図／空調負荷／空調方式／ダク
トと配管／空調機器／食品の凍結・解凍／冷蔵庫／ショーケース／凍結設備と解凍装置

毎年 4 月改訂版発行

冷凍機械責任者（1・2・3 冷）試験問題と解答例

＜A5 判＞　約 428P　定価 2,037 円（本体価格 1,852 円）　送料 580 円

1・2・3 冷国家試験問題と解答例の最近の過去 5 年間分を年度ごとに掲載。
試験の難易,範囲,出題傾向を探るには最適です。

● 書籍はすべて税込価格です。ウェブページ、E-メール、FAX 等でお申込下さい。
請求書を添付して書籍を送付致します。（会員の方は会員番号を明記して下さい。）

公益社団法人 日本冷凍空調学会　〒103-0011　東京都中央区日本橋大伝馬町 13-7
TEL：03（5623）3223　　FAX：03（5623）3229　　　　　　　　日本橋大富ビル 5F
Email reito@jsrae.or.jp　WEB https://www.jsrae.or.jp/